# トコトン図解

Introduction to **Meteorology**

# 気象学入門

*Hirotaka Kamahori*　*Ryuichi Kawamura*
**釜堀弘隆　川村隆一** [著]

講談社

# まえがき

　本書を手にとったあなたは、大学で気象学を勉強しようと思っている学生、気象予報士の資格試験を受けようと考えている社会人、あるいは純粋に気象学って何だろうと好奇心を持っている人かもしれない。本書が、そのような読者の興味や期待に少しでも応えられる内容になっていることを、著者として切に望んでいる。

　本書は気象学分野のいわゆる入門書である。これまで多くの入門書が出版されているが、本書は著名な専門書である「一般気象学」（小倉義光著、東京大学出版会）への橋渡しを意識した入門レベルの内容となっている。気象学に関連する概念や現象に対して、より具体的なイメージと興味を持ってもらうために、カラーの図版を多く用いて、できるだけ平易な文章で解説することを目指した。

　本書は3部構成で編集されている。第1部は「気象学を支える科学原理」と題して、大気の形成の歴史から始まり、地球の放射収支と大気の温度分布、雲と降水過程、大気の運動学・熱力学の基本を学ぶ。第2部は「大気の現象論」で、中小規模の気象現象、大規模な大気の流れ、エルニーニョ現象などの大気海洋相互作用、成層圏の循環とオゾン層など、様々な観点から重要な気象現象を紹介している。最後の第3部「最先端の気象学」では、気象学にとって必要不可欠な、大気と海洋の観測の歴史と最先端技術から始まって、大気の数値予報と予測可能性、異常気象とテレコネクション（遠隔結合）、過去・現在・未来の気候変動のしくみ、について最新の研究成果も交えながら解説している。

　本書で扱っている内容のうち他の入門書であまり見られないのは、第8章「大気海洋相互作用」、第10章「大気と海洋の観測」、第11章「大気の予測可能性」、第12章「テレコネクション」などである。今や異常

iii

気象や気候変動のメカニズムを理解するためには、大気だけではなく海洋の循環や大気と海洋の相互作用の知識が必要であり、その基礎となっているデータを得るためには大気と海洋双方の観測技術の向上が欠かせない。そして、取得した膨大な観測データを基にスーパーコンピュータで数値計算をして天気予報が発表されている。これらの具体的な取り組みや仕組みが臨場感をもって読者に伝われば幸いである。

　入門書とは言え、章によっては少なからず難解な箇所があるかもしれない。数式を最小限に留めたことで逆に文章が難解になってしまった箇所もあると想像される。その場合は読み飛ばしても良い構成になっている。「一般気象学」への橋渡しという位置づけではあるが、一部についてはかなり内容が濃い箇所もある。全体を俯瞰してすべて平易な内容に揃えてしまうと逆に気象学の醍醐味・面白さが失われてしまうという考えから、各章の内容の濃淡は敢えてそのままにしている。また、大学での教養教育や学部教育での講義の教科書・参考書としても、十分耐えられるような内容になっているものと自負している。一方で総花的になり過ぎないように、また紙面の都合もあり、残念ながら割愛した内容も多い。特に大気境界層内の乱流現象、雷雨・降水セルの現象、都市気候、大気汚染、極域の気象、熱帯の季節内変動などは十分に言及できなかった。これらについては他の教科書・参考書などを参照して頂きたい。

　本書を出版するにあたり、講談社サイエンティフィク出版部の渡邉拓氏、大塚記央氏には編集作業で多大なサポートを頂いた。初期の原稿に対する多くの有意義なコメントは改訂する上で大変参考になった。厚く御礼を申し上げたい。

2018年3月

釜　堀　弘　隆
川　村　隆　一

Introduction to **Meteorology**

**Contents** | トコトン図解 **気象学入門**

まえがき ……………………………………………………………………………………………… iii

# 第1部 | 気象学を支える科学原理 …………………………………… 001

## 第1章 🌥 地球大気の成り立ち ……………………… 001

**1.1** 地球大気の起源 ……………………………………………………… 001

**1.2** 地球の二次大気の進化 ………………………………………… 008

**1.3** 太陽スペクトルとハビタブルゾーン ………………… 012

## 第2章 🌥 大気の鉛直構造と放射平衡 ……… 017

**2.1** 放射平衡と温室効果 ………………………………………… 017

**2.2** 地球の放射収支 ……………………………………………… 023

**2.3** 暴走温室効果 ……………………………………………… 028

**2.4** 気温の鉛直分布と水平分布 ……………………… 030

## 第3章 🌥 雲と降水 ……………………………………… 035

**3.1** 10種雲形 ………………………………………………………… 035

**3.2** 空気中の水蒸気と雲 ……………………………………… 038

**3.3** 降水の形成過程 …………………………………………… 041

**3.4** 世界の降水量分布 ………………………………………… 047

## 第4章 🌥 大気の運動学 ……………………………… 051

**4.1** 流体に働く力 ………………………………………………… 051

**4.2** 回転流体とコリオリ力 ………………………………… 056

v

**4.3** 上空の大気の流れ ———————————— 060

**4.4** 地衡風の高度変化 ———————————— 062

**4.5** 地表に近い大気の流れ ———————————— 064

## 第5章 🌥 大気の熱力学 ———————————— 068

**5.1** 状態方程式 ———————————— 068

**5.2** 静水圧平衡 ———————————— 070

**5.3** 温位の概念 ———————————— 072

**5.4** 乾燥断熱減率と湿潤断熱減率 ———————————— 077

**5.5** 大気の静的安定・不安定 ———————————— 079

## 第II部 | 大気の現象論 ———————————— 085

## 第6章 🌥 中小規模の気象現象 ———————————— 085

**6.1** 梅雨前線 ———————————— 085

**6.2** 温帯低気圧 ———————————— 088

**6.3** 台風 ———————————— 092

**6.4** 竜巻 ———————————— 098

**6.5** 局地循環 ———————————— 103

## 第7章 🌥 大規模な大気の流れ ———————————— 105

**7.1** 低緯度(熱帯)の大気循環 ———————————— 105

**7.2** 中高緯度の大気循環 ———————————— 109

**7.3** モンスーン循環 ———————————— 118

## 第8章　大気海洋相互作用 … 124

### 8.1 風成循環 … 124
### 8.2 赤道湧昇と沿岸湧昇 … 128
### 8.3 熱帯太平洋の大気海洋相互作用 … 130
### 8.4 熱帯インド洋の大気海洋相互作用 … 134
### 8.5 中緯度の大気海洋相互作用 … 135

## 第9章　成層圏の大気現象 … 141

### 9.1 成層圏の大循環 … 141
### 9.2 成層圏突然昇温 … 147
### 9.3 成層圏準2年振動 … 151
### 9.4 オゾン層とオゾンホール … 153

# 第III部 | 最先端の気象学 … 160

## 第10章　大気と海洋の観測 … 160

### 10.1 気象観測のための機器 … 160
### 10.2 地上での気象観測 … 163
### 10.3 高層観測 … 164
### 10.4 海洋の観測 … 166
### 10.5 地上からのリモートセンシング … 172
### 10.6 宇宙からのリモートセンシング … 179

## 第11章　大気の予測可能性 … 185

### 11.1 リチャードソンの夢 … 185
### 11.2 数値予報 … 189

vii

**11.3** カオス ································································ 195

**11.4** 数値予報の実際 ················································ 196

**11.5** 季節予報 ························································ 199

## 第**12**章　テレコネクション──遠方の大気現象がおよぼす影響··· 203

**12.1** テレコネクションとは何か ································ 203

**12.2** テレコネクションの力学 ·································· 207

**12.3** 冬季のテレコネクション・パターン ··················· 213

**12.4** 夏季のテレコネクション・パターン ··················· 216

## 第**13**章　気候変動のメカニズム ······························· 222

**13.1** ミランコビッチ・サイクルと氷期 ····················· 222

**13.2** 熱塩循環と気候 ············································ 228

**13.3** 温室効果気体と地球温暖化 ······························ 231

**13.4** 火山噴火 ···················································· 234

**13.5** 数十年規模変動 ············································ 237

索引 ···························································································· 241

本文イラスト：(株) アート工房

Introduction to **Meteorology**

第1部 | 気象学を支える科学原理

# 第1章 地球大気の成り立ち

　「生命のゆりかご」とも言われる地球には、生き物が満ちあふれています。これは、地球大気が豊富な酸素を含んでいることと、海が存在することによるものです。この地球大気はどのように形成されたか、その成り立ちを知ることは気象学を理解する上で大変重要です。ここでは、地球大気の起源を概観すると共に、他の惑星の大気との違いを学んでいきましょう。

## 1.1　地球大気の起源

　太陽系で酸素を豊富に含む大気を持つのは地球だけです。この地球大気は太陽系の形成以降、様々な過程を経て変化してきました。ここでは、その地球大気を詳しく知ることから始めたいと思います。その前に、まずは地球を含む太陽系の惑星について概観してみましょう。

### 1 地球とその他の太陽系惑星たち

　ご存じの通り、地球は太陽の周りを回っている**惑星**の1つです。太陽系惑星は地球を含めて8つあります。以前は冥王星も惑星と呼ばれていましたが、2006年の国際天文学連合総会で初めて惑星の定義が作られ、それに従って冥王星は惑星からはずされてしまいました。冥王星を惑星に含まない定義が作られたのは、21世紀に入って以降、太陽系内に冥王星を超える大きさの天体が次々と発見されたからでした。ちなみに、国際天文学連合が定めた惑星の定義とは次の3つの条件です。

(1)　太陽の周りを公転している。

(2)　自身の重力が静水圧平衡（詳しくは第5章参照）の形を保つのに十分な質量を持つ。具体的には、重力のために凹凸がほとんどなく、

**表1.1** 太陽および太陽系惑星の特徴

密度と表面温度以外は、地球を1としたときの数値。

| | 太陽 | 水星 | 金星 | 地球 | 火星 | 木星 | 土星 | 天王星 | 海王星 |
|---|---|---|---|---|---|---|---|---|---|
| 太陽からの距離 | — | 0.387 | 0.723 | 1 | 1.524 | 5.203 | 9.539 | 19.18 | 30.06 |
| 質量 | $3.3×10^5$ | 0.055 | 0.815 | 1 | 0.108 | 317.9 | 95.2 | 14.5 | 17.2 |
| 直径 | 109 | 0.38 | 0.95 | 1 | 0.53 | 11.2 | 9.5 | 4.0 | 3.9 |
| 密度 $(g/cm^3)$ | 1.41 | 5.24 | 5.24 | 5.51 | 3.93 | 1.33 | 0.69 | 1.27 | 1.64 |
| 表面圧力 | | | 92 | 1 | 0.006 | | | | |
| 表面重力 | 28 | 0.37 | 0.88 | 1 | 0.38 | 2.64 | 1.15 | 1.17 | 1.18 |
| 表面温度 (℃) | 5500 | 167 | 464 | 15 | −65 | −110 | −140 | −195 | −200 |
| 地球型／木星型 | — | 地 | 地 | 地 | 地 | 木 | 木 | 木 | 木 |

ほぼ球形をしている必要があります。

⑶ 軌道上から他の天体を一掃している。自身の軌道を独占している、つまり自身の軌道付近に同程度以上の大きさの天体があってはならないという意味です。

冥王星はこの3番目の定義を満たしておらず、小惑星などと同じ分類の「準惑星」になりました。

太陽および8つの太陽系惑星の性質を**表1.1**に示します。この表を見てまず気づくことは、水星・金星・地球・火星といった太陽に近い惑星の密度が4〜5g/cm³程度であるのに対して、木星など太陽から遠い惑星の密度は1g/cm³前後と小さいことです（1g/cm³というのは水と同じ程度の密度です）。太陽系の惑星は、その密度によって2種類に分類されます。地球など密度の大きい惑星を**地球型惑星**、木星など密度の小さい惑星を**木星型惑星**と呼びます。もう1つの特徴として、地球型惑星は地球と同じような質量なのに対して、木星型惑星はどれも質量がとても大きいですね。

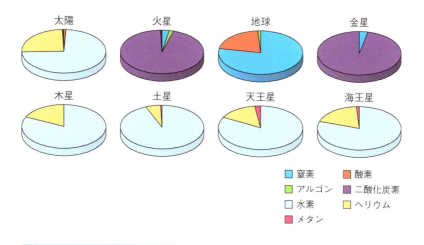

**図1.1** 太陽および太陽系惑星の大気組成

水星には大気がない。

## 2 太陽系惑星の大気組成

図1.1に太陽系惑星の大気の組成を示します。まず、私たちが住む地球の大気に注目しましょう。地球大気はおもに窒素（$N_2$）と酸素（$O_2$）からできていて、それぞれ濃度は78％と21％です。その他に、アルゴン（Ar）を約1％、二酸化炭素（$CO_2$）を0.04％程度含みますが、窒素や酸素に比べるとごくわずかです。

ところで、多くの生き物にとって酸素は呼吸するのに必要不可欠な分子です。太陽系には全部で8個の惑星がありますが、図1.1を見ると、酸素が豊富にあるのは地球だけのようです。水星にはそもそも大気がほとんどなく、金星や火星の大気の大部分は二酸化炭素です。木星型惑星の大気はどれも似通っています。そして、それは太陽の組成とも似ています。地球と他の惑星の大気の間には、どうしてこんな差が生じたのでしょう？

## 3 地球型惑星の原始大気は太陽に吹き飛ばされた！

太陽と木星型惑星の大気が似ていて、地球型惑星の大気がそれらと大

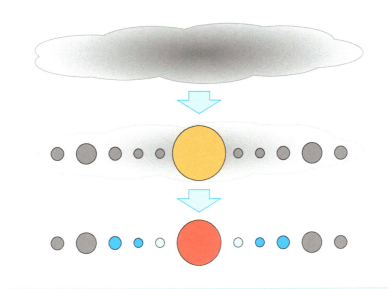

**図1.2** 太陽系の進化

きく違うのは、46億年前に形成されてからの太陽系の進化を反映しているためです。そこで、太陽系の進化の歴史をおおざっぱにおさらいしておきましょう。それから、地球型惑星の大気組成が太陽や木星型惑星の大気と大きく異なる理由を考えます。

**図1.2**の一番上のように、太陽系はもともと、銀河系内にあったガスや固体状のチリ（宇宙塵）の巨大な塊（その中からいろいろな分子が見つかっているので、分子雲と呼ばれています）でした。現在の銀河系でも、大きなもので直径100光年（1光年は、光の速度で1年間に進む距離のことで、約10兆km）もある分子雲が多数見つかっています。分子雲はおもに水素（$H_2$）とヘリウム（He）からできていますが、その中の物質の密度は一様ではありません。密度がある程度高い部分は自己重力で収縮を始めます。この密度の高い部分が収縮して、太陽が形成されました。そして、その周りを回っていたガスや宇宙塵が小さな塊に分裂し（**微惑星**と呼びます）、この微惑星が衝突合体して地球をはじめとする惑星が作られたのです。太陽も惑星も同じ分子雲から作られたので、

もともとは同じような元素組成でした。つまり大部分は水素とヘリウムです。木星型惑星の組成がどれも太陽と似ているのは、このためです。地球型惑星の形成直後の**原始大気**も、主に水素やヘリウムからできていたと考えられています。

ところが、地球型惑星の原始大気は、形成直後の太陽からの**太陽風**で吹き飛ばされてしまいました（**図1.3**）。太陽風は、「風」といっても、私たちのイメージする空気の流れとは違い、太陽から吹き出されるプラズマ粒子の流れです。プラズマとは、水素やヘリウムなどの分子が電子とイオンに分離した状態です。太陽表面は非常に高温なため、分子が壊れてプラズマ粒子になって高速で飛び回っています。プラズマ粒子の運動は、太陽の重力でもつなぎ止めておくことができないほど激しいため、太陽風として宇宙空間へ吹き出していきます。ちなみに、太陽風が地球大気とぶつかると大気中の分子が発光してオーロラになります。

現在の太陽は、中心部で水素が核融合反応を起こしてヘリウムが作ら

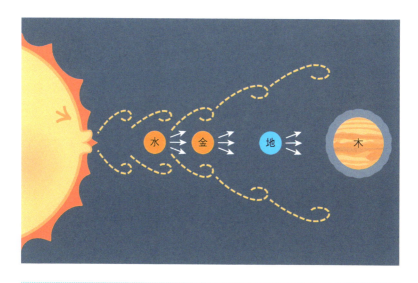

**図1.3** 水素やヘリウムからなる地球の原始大気は太陽風に吹き飛ばされた

太陽から遠い木星までは太陽風は届かなかったため、木星より遠い惑星は形成当時の原始大気を残している。

> **Column**
>
> ### 第2の太陽になれなかった木星
>
> 　太陽の中心部では、水素（H）がヘリウム（He）になる核融合反応が起きています。核融合反応が起きている天体は、太陽系内では太陽だけです。太陽の次に重い天体である木星でも、核融合反応は起きていません。核融合反応が起きるためには、十分に高い圧力と温度が必要です。重い星ほど、その重力で中心部の圧力が高くなり、また重力収縮の際に放出した重力エネルギーで温度も上がるので、核融合反応が可能になります。しかし、木星は軽すぎて、中心部の圧力も温度も核融合反応を起こすには足りないのです。星の核融合反応の理論によれば、中心部で核融合反応が起きるのに必要な天体の質量は、太陽の0.08倍程度と考えられています。木星の質量は太陽の約0.001倍です。もし、木星が実際より80倍以上重ければ、核融合反応を起こして第2の太陽になっていたかも知れません。

れており、その過程で発生したエネルギーで輝いています。しかし、誕生直後の太陽は核融合反応ではなく、重力エネルギーで輝いていました。太陽は分子雲が収縮して形成されたと書きましたが、この収縮の際に解放された重力エネルギーが熱エネルギーに変わって輝いたのです。恒星が重力エネルギーを解放して明るく輝く時期を**Tタウリ段階**といいます。現在この段階にあるおうし座（Taurus）のT星（T Tauri）にちなんで、こう名付けられました。Tタウリ段階にある星は非常に明るく、太陽も、形成直後は現在の約10倍も明るかったと考えられています。

　太陽がTタウリ段階にあるあいだ、明るさに対応して太陽風も非常に強かったため、地球の原始大気は宇宙空間へ吹き飛ばされてしまったのです。地球型惑星はどれも太陽に近いので、太陽風の影響を強く受け、水星・金星・地球・火星の大気は一旦ほとんどなくなりました。一方、木星型惑星は太陽から遠いのでTタウリ段階の太陽風の影響もあまり受けず、原始大気が今もそのまま残っています。

### 4  二次大気と海の形成

　太陽のTタウリ段階は数千万年で終わり、これに伴って太陽風も弱まっていきました。現在の地球が大気に覆われていることからも、太陽風が弱まったことがわかります。しかし、現在の地球大気はどのようにしてもたらされたのでしょうか？

　上に述べたように、地球は微惑星同士の衝突合体により形成されました。衝突の際には、衝撃による加熱のため揮発成分（水蒸気や二酸化炭素など）が放出されます（**図1.4**）。揮発成分の放出を**脱ガス**といいます。脱ガスによって新しい大気が形成されました。これを**二次大気**といいます。現在の金星の大気も、太陽風により原始大気が吹き飛ばされた後に形成された二次大気です。形成当時の二次大気の主成分は水蒸気や二酸化炭素でしたが、これが進化して現在の地球大気となりました。

　二次大気の形成後、太陽からの距離の違いのために、地球と金星はまったく異なる運命をたどることになりました。金星より太陽から遠い地球では大気が次第に冷えて、水蒸気が凝結し（液体となり）海ができました。すると、海に大気中の二酸化炭素が吸収されはじめます。また、

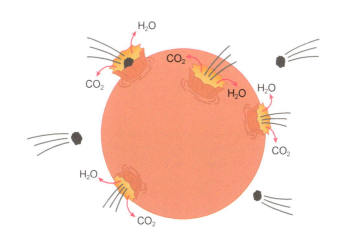

**図1.4　二次大気の形成**

原始大気の消失後、地球内部から噴出した揮発物質から二次大気が形成された。

海中では生命が誕生し、やがて光合成をする生物が現れました。光合成とは太陽の光エネルギーを利用する生物活動で、その過程で大気中の二酸化炭素（$CO_2$）が有機物に変換され、酸素（$O_2$）が放出されます。光合成生物は、二酸化炭素を大量に吸収し、酸素を作って放出しはじめたのです。形成当時の太陽は現在の約70％の明るさだったため、初期の金星の気温は現在ほど高くなく、海が形成された可能性もあります。しかし、時間の経過と共に太陽は明るくなり、金星の気温も上がってやがて海が存在できなくなりました。そのため生命も誕生できず、地球のような大気の進化が起きなかったのです。

　地球大気の組成が他の惑星と違う理由は、おおよそ以上のように説明できます。次節では、地球内部からの放出物によって形成された二次大気の進化について、もう少しくわしく見ていきましょう。

## 1.2　地球の二次大気の進化

　前節で述べたように、地球の原始大気は現在とは似ても似つかないものでした。その成分は木星や土星などと同じく、おもに水素やヘリウムから構成されていました。それが地球誕生直後に宇宙空間へ吹き飛ばされ、その後の脱ガスにより地球内部から放出された気体が二次大気を形成したのです。その後、二次大気は生物活動の影響などを受け、地球独特の進化を遂げました。本節では、地球の二次大気の形成と進化の歴史を見ていきましょう。

### 1　地球大気の謎 ── なぜ酸素が多いのか

　形成当時の二次大気の組成は現在の大気とは大きく異なり、とくに酸素分子（$O_2$）はほとんど含まれませんでした。酸素は他の物質と非常に反応しやすいので、通常、自然界では化合物の形でしか存在しません。たとえば、二酸化炭素（$CO_2$）や水（$H_2O$）も酸素の化合物です。したがって、現在の地球のように酸素分子を大量に含む大気を作る過程には、

何か特殊なプロセスが働いたにちがいありません。

　ところで、現在の金星の大気はほとんどが二酸化炭素です（**図1.1**）。じつは金星では、二次大気が形成されてから、その組成はほとんど変化していません。つまり、海がなかったために、大気中から二酸化炭素を除去するプロセスがなったのです。現在の金星大気中の二酸化炭素濃度は96％ですが、二次大気形成当時の地球も同程度の二酸化炭素濃度だったと考えられています。

　地球の二次大気は、生物活動により次第にその成分が変化し、現在の窒素と酸素からなる大気に進化したと考えられています。この地球大気の進化が、原始大気を維持している木星型惑星や、原始大気は失ったものの二次大気を形成当時のまま保っている金星と、大きく異なる点です。以下にその進化の過程を簡単に見ていきましょう。

## 2　生物の誕生 —— 光合成の始まり

　地球上の最初の生命は、40億年くらい前に海の中で誕生したと考えられています。生命誕生の場が陸上ではなく海の中だったと考えられるのは、太古の地球の陸上は生物には過酷な環境だったからです。かつての地球の陸上は、太陽光に含まれる強い紫外線にさらされる場所でした。強い紫外線は生物にとって有害なので、そのような環境下では生命は生き延びられません。ところが、水は紫外線をよく吸収するので、海水中では紫外線もかなり弱まります。つまり、海は生物にとってより適した環境だった、というわけです。

　ところで、現在の太陽光にも紫外線は含まれます。では、なぜ現在の地球の陸上では生物が繁栄できるのでしょうか。それは、現在の地球大気には紫外線を吸収するオゾン（$O_3$）が含まれているからです。ところが、生命誕生当時は大気中にオゾンはなかったため、初期の生命は海の中でしか生存できませんでした。

　地球上で最初に誕生した生命はバクテリアです。このバクテリアが光合成をする植物へと進化しました。太古の大気に含まれていた二酸化炭素は、次第に海水に吸収されたり、植物の光合成により植物自身の体内

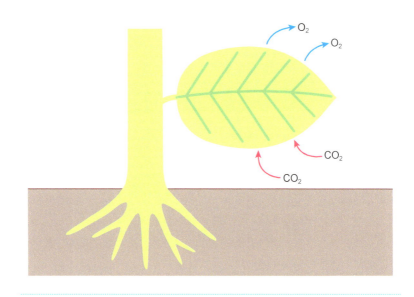

**図1.5｜二次大気の進化**

大気中の二酸化炭素は、植物による光合成により酸素へと変化し大気の組成は変化していった。

に蓄えられたりして（**図1.5**）、減少していきました。海水に吸収されたり、植物の体になったりした炭素は、その後さらに姿を変えていきます。植物に蓄えられた炭素は地中に埋もれて、長い時間をかけて固体（石炭）になりました。海水中に溶け込んだ二酸化炭素は、サンゴや貝などによって炭酸カルシウム（$CaCO_3$）の形で固体に変化していきました。産業革命を支えた石炭も、世界中にあるサンゴ礁も古代の大気中の二酸化炭素が姿を変えたものだったんですね。

現在の大気中の二酸化炭素濃度は約400 ppm※ですが、太古の地球の大気にはもっと大量の二酸化炭素が含まれていました（**図1.6**）。たとえば、今から5億～4億年前の古生代には、大気中の二酸化炭素濃度は現在の10倍以上もあったと考えられています。二酸化炭素には温室効

---

※ ppmというのは濃度の単位で、「100万分の1（＝$1\times10^{-6}$）」を意味します。つまり、400 ppmは「100万分の400」であり、百分率で表すなら「0.04％」です。

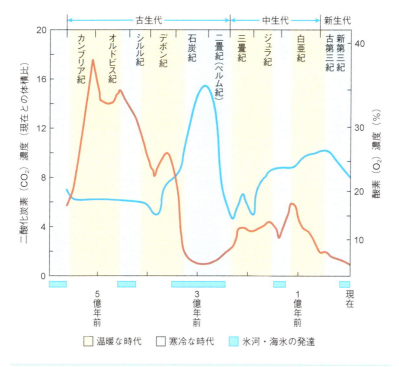

**図1.6** 地球史における二酸化炭素濃度（赤線）と酸素濃度（青線）の変動

出典：岩波講座 地球惑星科学〈13〉地球進化論（平朝彦ほか著）を一部改変

果があるため、濃度が高いほど気温が上がります（温室効果について詳しくは第2章を参照）。そのため当時は、ものすごい温室効果が働いていたはずです。実際、古生代の地球は、現在よりかなり気温が高かったと考えられています。

### 3 陸上生物の誕生

海中に生命が誕生して光合成により酸素が作られるようになると、海水中に酸素が増え始めました。その後、海水からの供給により大気中にも次第に酸素が含まれるようになりました（**図1.7**）。そして、大気中の酸素分子が化学反応を起こしてオゾンが作られました（オゾンの形成について詳しくは9.4節を参照）。やがて、大気中にオゾン層が形成され

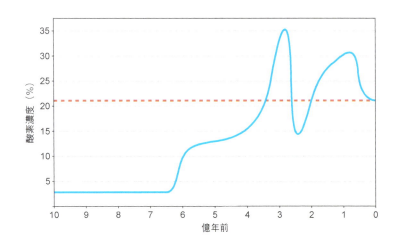

**図 1.7** 地球誕生以来の酸素濃度の変動

ると、地表にまで達する紫外線量は減少しました。その結果、一部の生物は陸上へ進出するようになりました。生物の陸上進出は、今から4億年前の古生代デボン紀のことです。

それに続く古生代石炭紀（約3億年前）には、大気中の豊富な二酸化炭素と温暖な気候によりシダ類の大繁殖が起こり、大森林が形成されました。陸上で大繁殖した植物の光合成により、大気中の二酸化炭素の減少と酸素の増加が急激に進みました。この地質時代が石炭紀と呼ばれる所以は、当時の大森林が石炭となって残り、これが世界各地で産出されているからです。

## 1.3 太陽スペクトルとハビタブルゾーン

ここまで見てきたように、地球大気の進化には、生物の活動が大きくかかわっています。ところで、生命の存在が確認されている天体は、広い宇宙の中でこの地球だけです。なぜ地球では生命が繁栄できたのでしょうか？　地球のことを理解するためには、生命が繁栄できる条件を

よく知る必要があります。ここではとくに、「生命を育みうる恒星の種類」と「惑星の恒星からの距離」の2点に注目します。

## 1 惑星が生命を育める恒星とは

太陽のように、自ら光っている天体を**恒星**と呼びます。惑星もさまざまな色で光っているように見えますが、恒星からの光を反射しているだけです。恒星は放つ光の色で分類されていて、この分類を**スペクトルタイプ**といいます。スペクトルタイプ（光の色）は表面温度や質量等と対応しています。質量が大きい星ほど中心の圧力が高いため、核融合反応が盛んにおきて温度が高くなります。表面温度が高い星は青白く見え、低い星は赤色に見えます。さて、スペクトルタイプは青白い星から赤い星まで、大きくO, B, A, F, G, K, Mの7タイプに分けられています。各スペクトルタイプがさらに10種類に分類されて、たとえばG型ならG0, G1, G2, G3,…G9があります。代表的なスペクトルタイプとして、O5, B5, A5, F5, G5, K5, M5型の特徴を**表1.2**に掲げました。ちなみに、太陽のスペクトル型はG2で、表面温度は約5500度です。

このように、いろいろな色の星がありますが、生命が現れる可能性が高いのはF型より赤い星（つまり軽い星）の恒星系の天体です。というのは、これより青白い星（重い星）は寿命が短いからです。地球誕生から最古の生命体が出現するまでに約10億年を要しています。したがって、ある程度以上重い恒星は、たとえその恒星系内に惑星が存在したとしても、生命が誕生する前に寿命が尽きてしまいます。恒星の寿命が尽きる

表1.2 | 恒星のスペクトルタイプ

| スペクトル | O5 | B5 | A5 | F5 | G5 | K5 | M5 |
|---|---|---|---|---|---|---|---|
| 表面温度（K） | 40000 | 15500 | 8500 | 6580 | 5520 | 4130 | 2800 |
| 質量（太陽＝1） | 40 | 6.5 | 2.1 | 1.3 | 0.9 | 0.7 | 0.2 |
| 明るさ（太陽＝1） | 50000 | 800 | 20 | 2.5 | 0.8 | 0.2 | 0.01 |
| 寿命（億年） | 0.01 | 1 | 10 | 50 | 120 | 400 | 3000 |
| 色 | 青白 ←———————————————————→ 赤 | | | | | | |

のと同時に、惑星もその歴史に幕を下ろしてしまい、生命誕生のチャンスは失われます。

寿命が尽きた恒星がその後どうなるかの詳しい解説は恒星の進化の入門書に譲りますが、太陽の場合を簡単に述べておきましょう。数十億年後には、地球を飲み込むほどにまで膨張します（この巨大な天体を**赤色巨星**といいます）。太陽が膨張し始めると、地球が飲み込まれる前に、海は蒸発してあらゆる生物にとって生存不可能な惑星になるでしょう。もっとも、海の蒸発はこれから何十億年も先の話なので、今から心配しても仕方ありません。赤色巨星は、その後外縁部の水素を全部放出して、ヘリウムのコアからなる小さくてとても暗い星（**白色矮星**）になります。これが太陽の最期の姿です。

惑星に生命が誕生する可能性を決めるもう1つの制約として、恒星が出す光の種類（波長の分布）があります。たとえば、G型の星が出す光の大部分は可視光です。スペクトルタイプがO型やB型の青白く見える恒星は、非常に強い紫外線を出しています。紫外線が強いと、惑星上で生物が生存できなくなります。一方、M型の星が出す光の大部分は赤外線です。赤外線は大気に吸収されやすく、地表まで届かないので、惑星の地表面温度が非常に低くなります。やはり生物にとっては厳しい環境です。

スペクトルタイプとは別に、惑星が生命を育みうる恒星の条件として、「連星系ではない」必要があります。連星系というのは、2個以上の恒星がお互いの周りを公転し合っているものです。連星系だと、その周りの惑星の公転軌道が円よりも複雑になります。その結果、あるときは恒星に接近して非常に熱く、あるときは恒星から遠く離れて極寒になってしまい、生命には過酷すぎるのです。

## 2　ハビタブルゾーン

さて、このような限られた恒星の周りを公転する惑星すべてに、生命や文明が花開く可能性があるわけではありません。そういった可能性を持つのは、太陽（恒星）から近すぎず遠すぎない距離にある惑星に限ら

## Column

### 太陽系外のハビタブルゾーン内惑星の探索

　地球以外の惑星にも生命は存在するのか。古くから強く興味を持たれている問題です。もし地球外生命が存在するとすれば、その場所はほかの恒星のハビタブルゾーン内の惑星である可能性が高いでしょう。そこで、太陽以外の恒星のハビタブルゾーン内に惑星が存在する可能性が、熱心に調べられてきました。ハビタブルゾーン内に惑星が存在すれば、そこには生命が誕生している可能性があります。

　地上の望遠鏡を使った様々な恒星の観測により、恒星本体から遠く離れた場所に惑星が存在することは、古くからわかっていました。しかし、ハビタブルゾーンは恒星にかなり近い領域であるため、地球大気の揺らぎの影響で、その観測は困難でした。大気の揺らぎのため望遠鏡の解像度が十分に上げられず、近接した2つの天体が1つにしか見えないのです。太陽系外のハビタブルゾーンの探索を可能にしたのが、人工衛星からの観測です。宇宙からなら、大気の影響を受けないので高解像度の観測が可能です。たとえば、アメリカ航空宇宙局（NASA）が2009年に打ち上げたケプラー衛星があります（ケプラー衛星は太陽の周りを公転しているので、厳密には「人工衛星」ではなく「人工惑星」ですが）。ケプラー衛星は、ハビタブルゾーン内の地球型惑星を探索するための望遠鏡を搭載しています。これまでに10万個以上の恒星が調べられ、ハビタブルゾーン内の地球型惑星が1000個以上発見されました。将来、この中から生命を育んでいる惑星が見つかるかも知れません。

れます。近すぎず遠すぎない距離というのは、生命の誕生に必要な海、つまり液体の水を湛えられる距離のことです。

　惑星が太陽に近すぎると、受け取る放射エネルギーが多すぎて水は液体では存在し得ず、すべて蒸発して高温高圧の水蒸気となってしまいます。金星はまさにこの状態です。反対に、太陽から遠すぎると、受け取る放射エネルギーが少なくなり水はすべて凍ってしまい、凍てついた惑星になってしまいます。

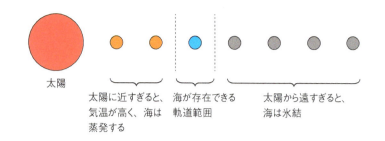

**図1.8** ハビタブルゾーン

オレンジ色の惑星では気温が高く、海が存在しない。灰色の惑星では、気温が低いため海はすべて氷結している。青色の惑星のみ、海が存在する。

　このような太陽に近すぎず遠すぎない惑星公転軌道の範囲を、**ハビタブルゾーン（居住可能帯）** といいます（**図1.8**）。太陽系でハビタブルゾーンの中にある惑星は地球のみです。ちなみに、地球軌道はハビタブルゾーンの内側限界付近にあり、あと数パーセント太陽に近かったなら、生命は誕生できなかったかも知れません。

Introduction to **Meteorology**

第**1**部 気象学を支える科学原理

# 第**2**章 大気の鉛直構造と放射平衡

この章では、地球上の気温の水平分布や鉛直分布について考えます。地球上の気温は場所・高度・時間によって、約 −50〜50℃まで100℃もの幅で変化します。100℃もの気温の範囲はどんな風に分布しているのでしょうか？ 地球の気温は、太陽から受け取る可視光や赤外線による加熱と地球から放出される赤外線による冷却の釣り合いで決まっています。そのメカニズムを見てみましょう。

## 2.1 放射平衡と温室効果

地球の気温はどのように決まるのでしょうか？ おおざっぱにいえば、地球は太陽のエネルギーを受け取り、その一部を赤外線として放出しており、そのバランスによって気温が決まっています。本節では、この気温の決定メカニズムをくわしく見ていきましょう。

### 1 地球を暖める太陽

地球は、太陽が放出する電磁波（光）によって暖められています。太陽からの光を波長別に分類すると、可視光、赤外線、紫外線などに分けられますが（**表2.1**）、この中で最大のエネルギーを持つのは可視光です（**図2.1**）。地球を暖めているのは、この可視光と波長が可視光に近い赤外線（近赤外線といいます）です。可視光と近赤外線を合わせて**太陽放射**と呼びます。地球に入射した太陽放射は大気や雲に反射・吸収されながら、地上に届きます。地上にまで達するのは、地球に入射した量の約半分程度です。こうして、地面や海面が暖められます。暖まった地面や海面は接している大気を暖めると同時に、赤外線を出して大気を暖めることになります。こうやって、上空の大気にまで熱が伝わっていく

017

表2.1 電磁波の種類

| 電磁波の種類 | 波長（nm*） |
|---|---|
| X線 | ＜10 |
| 紫外線 | 10〜400 |
| 可視光線 | 400〜780 |
| 赤外線 | 780〜1×10⁶ |
| 電波 | ＞1×10⁶ |

＊nm（ナノメートル）は長さの単位で、$1\,\text{nm} = 10^{-6}\,\text{mm}$

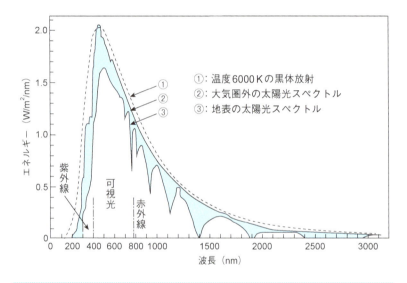

図2.1 太陽光のスペクトル

線①：6000Kの黒体が射出する理論的な放射（黒体：光をまったく反射しない物体）
線②：地球軌道上の大気圏外での日射
線③：地球表面における日射

のです。

　地面・海面や大気は暖められる一方ではありません。赤外線を宇宙空間に向かって放出することで、冷えてもいます。太陽放射のエネルギー量はほとんど一定ですが、地球から出ていく赤外線の量は比較的大きく変化します。物体の赤外線の放射量を決めるのは、温度です。物体の温

度が高ければ高いほど赤外線放射量は多く、温度が低いほど少なくなります。つまり、地球は温度が高いとより多くのエネルギーを宇宙空間に放出し、より速く冷えます。また、温度が低いときはエネルギー放出量が少なくなり、ゆっくり冷えるのです。そしてある温度のところで、地球に入ってくる太陽放射のエネルギーと出ていく赤外線のエネルギーが釣り合います。このエネルギーの出入りの釣り合いを**放射平衡**といいます。

## 2 地球の加熱と冷却のエネルギーバランス

　現在では、地球が受け取る太陽放射のエネルギー量や、宇宙空間へ放出される赤外線のエネルギー量が正確に測定されています。これは、人工衛星による観測の充実によるもので、1990年代になってからの成果です。

　人工衛星観測によると、エネルギーの出入りの具体的な値は次のようになっています。

　・地球に降り注ぐ太陽放射エネルギー　　　　　341 W/m² （100%）
　・雲や地表面による太陽放射の反射　　　　　　102 W/m² （30%）
　・地球が受け取る太陽放射エネルギー　　　　　239 W/m² （70%）
　・地球から逃げていく赤外線のエネルギー　　　239 W/m² （70%）

となります（カッコ内は太陽放射に対する割合）。地球は太陽から降り注いだエネルギー341 W/m²のうち70%に当たる239 W/m²を吸収していることになります。数字だけ見てもピンとこない方も多いかも知れません。たとえば、広さが1畳（約1.5 m²）のホットカーペットの消費電力が約300 Wなので、単位面積当たりにすると約200 W/m²となります。なので、地球が太陽から受け取るエネルギー239 W/m²は、ホットカーペットより少し大きい程度です。これに対し、地球が放出する赤外線エネルギーの合計は239 W/m²となっていて、たしかに釣り合っています。これが放射平衡です。

　この放射平衡から地球気温の平均気温を計算すると、−18℃になります。ところが、**表1.1**で示すように実際の平均気温は15℃です。平均気

温が−18℃だと、この地球は氷に閉ざされた極寒の世界ですね。これでは人類文明の発達どころか、人類の誕生もなかったかも知れません。地球が15℃という快適な気温を保っているのは、地表から放出される赤外線の一部を大気中の特定の分子が吸収しているためです。具体的には、赤外線を水蒸気や二酸化炭素が吸収して、地表面や雲から宇宙空間への赤外線放出を妨げています。この水蒸気や二酸化炭素が吸収した赤外線は、大気を暖めるのに使われます。これが**温室効果**です。

　温室効果により現在の地球の気温が実現されていることを初めて示したのは、アメリカ海洋大気庁（NOAA）地球流体力学研究所の真鍋　淑郎博士です。1964年のことでした。これ以来、地球温暖化の研究がスタートしました。地球温暖化については、第13章で改めてくわしく説明します。

### 3 加熱と冷却の日変化

　太陽放射による加熱と赤外線放出による冷却を身近な例で見てみましょう。まずは、1日の入射／放射エネルギーの変化です。一般に、1日の中で一番気温が高い時間帯はお昼過ぎの14時頃で、一番気温が低いのは日の出の少し前の5時頃です。加熱・冷却の日変化から、なぜこのような気温変化が起こるのかを考えてみましょう。

　**図2.2**は東京における8月の時刻別の日射量と気温の変化です。夜間は太陽が出ていないので、太陽放射による加熱はほとんどゼロです。一方、赤外線は温度に応じた量で放出されつづけます。そのため、放出される赤外線のぶんだけエネルギーを失い、どんどん冷えていき、日の出前に最低気温を迎えます。日の出後は太陽放射による加熱が始まり、やがてこれが赤外線放出による冷却を上回ると、今度は気温が上昇しはじめます。日射量が最大になるのは、太陽高度が一番高くなる正午頃です。正午を過ぎると日射量は減りはじめますが、しばらくは加熱量が冷却量を上回っているので、気温は上昇しつづけます。

　こうやって、日射量の時間変化と気温の時間変化が対応しています。昼間に太陽から受け取ったエネルギーを大気や地面に貯め込んで、夜に

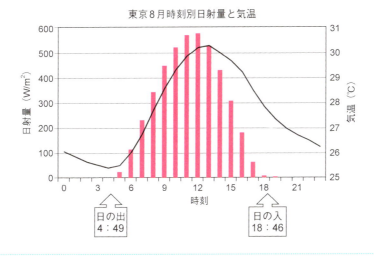

**図2.2** 東京の8月の時刻別日射量と気温

日の出および日の入の時刻は8月1日の値。黒線は気温（右目盛）、棒グラフは日射量（左目盛）。

なると貯め込んだエネルギーを赤外線として宇宙空間に放出して冷却しているのです。このように、放射平衡は瞬間瞬間で成り立つものではありません。しかし、昼間の加熱と夜間の冷却とがだいたい釣り合うため、1日単位で見ると放射平衡がほぼ成り立ちます。ここで、「ほぼ」と書いたのは、季節によっては完全には釣り合っていません。くわしくは次項で説明します。

## 4　加熱と冷却の季節変化

つづいて、もう少し長いスパンでの加熱・冷却の変化について考えましょう。上で1日単位では放射平衡がほぼ成立すると書きましたが、じつは平衡から多少ずれる日もあります。そのようなずれが積もり積もって季節変化をもたらすのです。

年間の気温は、冬〜春〜夏と上昇していき、夏〜秋〜冬と下降していきます。普段何気なく感じている季節変化ですが、この季節変化は季節スケールでは放射平衡が完全には成り立っていないことによるものです。つまり、冬から夏にかけては、太陽放射エネルギーに比べて、地球から

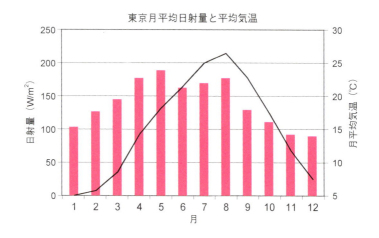

図2.3 東京の月平均日射量と月平均気温

出ていく赤外線エネルギーが少ないため、大気にエネルギーが貯め込まれて気温が上がっていくことになります。図2.3は東京における月別の日射量と気温の変化です。日射エネルギーが最も大きくなるのは夏至の頃ですが、この時期まだ気温が十分に上昇していないため、日射エネルギーに比べて赤外線エネルギーはまだ小さく、気温は上がりつづけます。そして、8月頃にようやく平衡に達し、気温が最も高くなります。逆に、夏から冬にかけては、太陽放射エネルギーより赤外線エネルギーが大きいため、気温が下がることになります。日射エネルギーが最も小さくなるのは冬至のころですが、赤外線エネルギーが大きいため、気温は下がり続けて1月頃にようやく平衡に達します。

図2.3では日射エネルギーが最高になるのは夏至の6月ではなく5月になっていますが、これは日本付近の6月が梅雨の季節に相当し、曇りや雨の日が多く、雲による日射の反射が多いためです。これに対して、冬至の頃はたしかに日射量が最も少なくなっています。

## 2.2 地球の放射収支

　地球は太陽から降り注ぐ放射によりエネルギーを受け取り、受け取ったのとほぼ同じ量のエネルギーを赤外線の形で宇宙空間に放出しています。ただし、受け取る量と放出する量が完全に等しくなっているわけではありません。受け取るエネルギーと放出するエネルギーの総量の差を**放射収支**といいます。放射収支がゼロならば、地球の温度は変化しません。もし、放射収支が正ならば（入ってくるエネルギーが出ていくエネルギーより大きい）、地球の温度はだんだんと上昇することになります。これが現在進行中の地球温暖化ですが、13章でくわしくお話しします。

　ところで、太陽放射は、すべてが地表に到達するわけではありません。同様に、地表から放出された赤外線のすべてが宇宙空間へ失われるわけでもありません。太陽放射も赤外線も、地表や大気中で様々なプロセスを経ます。ここでは、その様々なプロセスについてお話しします。

### 1 太陽放射エネルギーの内訳

　地球に降り注ぐ太陽放射の持つエネルギーは全球平均で$341\,\mathrm{W/m^2}$でした。ここで、全球平均というのは、地球が受け取る太陽放射のエネルギー総量を地球の表面積で割った値という意味です。ある瞬間を考えると、太陽の光がサンサンと降り注ぐ昼の場所もあれば、太陽光が全く届いていない夜の場所もあります。また、太陽光が降り注ぐ時間が短い冬の場所もあれば、長い夏の場所もあります。ちなみに、大気上端で真上から地面に垂直に太陽光が降り注いだ場合、太陽放射のエネルギー量は$1365\,\mathrm{W/m^2}$になります。これを地球上すべての場所で1年間平均したときのエネルギー量が$341\,\mathrm{W/m^2}$なのです。

　太陽放射は一部が反射され、一部は地球に吸収されます。また地球からの赤外線は様々な過程を通して放出されます。この過程をまとめたのが**図2.4**です。太陽放射エネルギー$341\,\mathrm{W/m^2}$のうち、$79\,\mathrm{W/m^2}$は雲や大気に反射されて宇宙空間に戻っていきます。さらに$78\,\mathrm{W/m^2}$は大気に

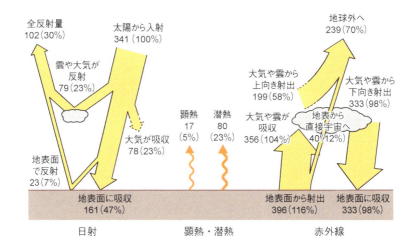

図2.4 地球のエネルギー収支

単位はW/m²。カッコ内の数値は太陽からの入射エネルギーに対する比。

よって吸収されます。したがって、341 W/m²のうち、地表面まで届くのは差し引き184 W/m²となります。さらに、このうち23 W/m²は地表面で反射されてやはり宇宙空間へ戻っていきます。最終的に、地表面が吸収する太陽放射エネルギーは161 W/m²となります。つまり、地球を暖めている太陽放射は、大気を暖める分が78 W/m²、地表面（地面と海面です）を暖める分が161 W/m²、合計して2.1節で述べたとおり239 W/m²となります。

ちなみに、大気が吸収するエネルギー78 W/m²は地表面に吸収される量の半分以下です。地表面は、地表面・大気間の赤外線の差356－333＝23 W/m²に加え、**顕熱**（地表面が大気を直接暖める分）17 W/m²、**潜熱**（地表面からの蒸発散）80 W/m²の合計120 W/m²で大気を暖めています。大気は太陽から直接加熱されるより、地表面から加熱される割合が大きいわけです。

## 2 地表面および大気からの放出エネルギーの内訳

地球が放出する赤外線について考えましょう。地表面からは

396 W/m²が赤外線として放出され、地表面を冷却しています。また、潜熱により 80 W/m²、顕熱として 17 W/m² の冷却があり、合計 493 W/m² だけ地表面は冷却されています。一方、大気から地表面に向けて 333 W/m² の赤外線が放射されており、その分地表面は加熱されています。差し引き、赤外線その他に伴う収支として、地表面の冷却量は 493−333＝160 W/m² となります。太陽放射による加熱は 161 W/m² でしたね。つまり、地表面の加熱と冷却はほとんど釣り合っていることになります。

次に、大気の熱収支を考えてみましょう。大気は太陽放射エネルギーのうち 78 W/m² を吸収しています。また、地表面から放出された赤外線のうち 356 W/m² が大気により吸収されています。また、地表面からの顕熱 17 W/m² と潜熱 80 W/m² もあります。合計すると、大気は 531 W/m² だけ暖められています。一方、大気や雲から 199 W/m² の赤外線が、宇宙空間に向かって放出されています。また、大気や雲から地表面に向かって 333 W/m² の赤外線が放出されています。合計すると、大気の冷却量は 532 W/m² となります。やはり、大気の加熱と冷却もほぼ釣り合っています。

### 3 惑星の気候を決めるアルベド

2.2節で、地球に降り注ぐ太陽放射のエネルギーは 341 W/m² で、このうち 102 W/m² が反射されると説明しました。ということは、降り注ぐ太陽放射の約30％が反射されているわけです。この反射率のことを、気象学の世界では**アルベド**（Albedo）といい、アルベドは0〜1の間の数値で表現されます。アルベドという概念はどんな惑星にも適用可能で、大気の組成や地表面の状態によって異なる値をとります。ちなみに金星のアルベドは0.8で、金星が吸収する太陽放射は降り注ぐ量の20％に過ぎず、80％は反射されて宇宙空間へ戻っていきます。

アルベドは放射収支を議論する上で非常に重要な量です。アルベドの値が変わると、気温も大きく変化します。ところで、地球を時間的・空間的に区切ってみた場合、いつでもどこでもアルベドが0.3になってい

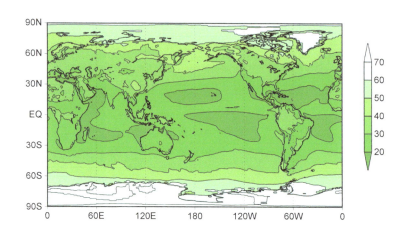

**図2.5** 年平均アルベドの分布（%）

るわけではありません。たとえば、雲の多い場所や地面が氷に覆われて"白っぽい"場所では、アルベドはもっと大きくなります。海面や陸上の砂漠や森林などすべての場所の平均値が0.3なのです。図2.5にアルベドの分布を示します。雪や氷で覆われた南極や北極でアルベドが大きいのがよくわかります。一方、亜熱帯の海上では高気圧に覆われて雲が少ないため、アルベドが小さくなっています。森林の大規模伐採が進ん

> **Column**
>
> ### 気体分子の自由度
>
> 　大気による太陽放射・赤外線の吸収・射出という言葉が出てきました。気体分子が光を吸収・放出しているわけです。ただし、気体分子はどんな光でも吸収・放出するわけではありません。ある特定の波長の光のみを吸収したり、放出したりします。また、吸収・放出する波長は気体分子により異なります。気体分子による光の吸収・放出の仕方にはいくつかの種類があるのですが、この種類数を自由度といいます。ひとつひとつの自由度が分子の運動の形態の種類に対応しており、それぞれの運動の種類に伴って吸収・放出する光の波長が決まっているのです。

## Column

### 気体分子の3種類の自由度

2原子分子（2個の原子からなる分子。酸素（$O_2$）や窒素（$N_2$）など）と3原子分子（3個の原子からなる分子。水（$H_2O$）や二酸化炭素（$CO_2$）など）とでは、自由度が異なります。

分子の運動形態には3種類あり、それぞれが分子の放出吸収するエネルギーと関係してきます。

3種類の運動形態とは

並進

振動

回転

です。並進とは上下左右に移動するだけなのですが、これは気体の温度に対応しています。振動とは、気体分子は複数の原子からできていますが、構成する原子の間隔がバネのように伸び縮みすることです。2原子分子の場合には伸び縮みする方向は2個の原子をむすぶ線上のみなので1方向だけです。たとえば、2個の原子をむすぶ線をx軸にとれば、原子同士の振動はx方向のみで、y軸方向、z軸方向の振動はありません。これを自由度1といいます。3原子分子の場合には線上ではく、複雑な振動になるので、二酸化炭素の場合、自由度は4に増えます。回転は、まさしく分子が回転するのですが、2原子分子の場合線状の構造なので、回転の自由度はやはり1です。3原子分子の回転の自由度は2となります。

振動の自由度が2になると、増えた自由度に対応するエネルギー準位は赤外線の波長帯に位置する気体が多くあります。水蒸気や二酸化炭素も赤外線帯にエネルギー準位を持つ3原子分子です。このため、二酸化炭素や水蒸気は地表面が放出する赤外線を吸収し、温室効果をもたらします。

だり、砂漠化が進んだりすると地球のアルベドが変わり、放射収支が変化して気候が変わり得ます。その意味で、地球の気候は、微妙な放射収支の上に成り立っているといえます。

## 2.3 暴走温室効果

第1章で見たように、金星の気温は464℃もあります。金星は大きさも重さも地球と同じくらいで、太陽の周りの公転軌道は地球のちょっと内側です。一見同じような惑星に思えるのですが、地球はたくさんの生命を育む緑の惑星、一方の金星は生命の誕生を許さない灼熱の惑星です。なぜ、金星はこんなに高温なのでしょう？

### 1 放出赤外線エネルギーの上限と気温の暴走

2.2節で放射平衡について説明しました。ここまでは、地球が太陽から受け取るエネルギーと地球が宇宙空間に放出するエネルギーがほぼ釣り合っていると説明してきました。しかし、釣り合わない場合もあります。実は地球から放出される赤外線エネルギーの量には上限があります。条件により上限は変化しますが、地球大気では約300 W/m²が上限のようです。これ以上の赤外線放射はできません。では、太陽が非常に明るくなって地球が受け取る太陽放射エネルギーが300 W/m²以上になったらどうなるのでしょう？　たとえば、太陽放射エネルギーが360 W/m²になったとしたら、地球が放出できる赤外線のエネルギーの上限が300 W/m²なら、360−300＝60 W/m²は宇宙空間に放出されることなく、大気や海洋を暖めることに使われます。

惑星が受け取る太陽放射エネルギーが、放出することのできる赤外線の上限値を超えてしまい、気温がどんどん上がることを**暴走温室効果**といいます。暴走温室効果により、海水温は止まるところを知らず上昇して、海水が沸騰することになります。最後には、海水はすべて蒸発して海は消滅します。海水はすべて水蒸気になって大気中に存在することになります。つまり、暴走温室効果が生じると、海は存在できないのです。

### 2 太陽の進化と地球の暴走温室効果

地球に降り注ぐ太陽放射のエネルギーは全球平均で341 W/m²でした。

赤外線放出上限の300 W/m²を超えている！と不安に思われるかもしれ
ませんが、ご心配なく。102 W/m²は地表面や雲が反射して宇宙空間に
逃げていくので、地球に吸収される太陽放射エネルギーは差引239 W/
m²となります。赤外線放出の上限までには、まだまだ余裕があります。

　現在の地球で暴走温室効果が起きることはありません。ただし、遠い
将来、地球が受け取る太陽放射エネルギーが大きく増えている可能性が
あるとされています。というのも、太陽は進化していて、今後膨張する
と共に次第に明るくなると考えられているからです。現在の地球が受け
取る太陽放射エネルギーは差し引き239 W/m²ですが、数十億年後には
このエネルギーが上限を超えて、地球でも暴走温室効果が起きることで
しょう。でも、そんな先のことを心配しても仕方ないですね。

### ③　金星の暴走温室効果

　さて、金星は地球の内側を公転しています。地球〜太陽間の距離は約
15000万kmですが、金星〜太陽の距離は地球の場合の0.72倍の約10800
万kmです。惑星が受け取る太陽放射エネルギーは太陽との距離の2乗
に反比例するので、金星に降り注ぐ太陽放射エネルギーは地球の
$1/0.72^2 = 1.9$倍の650 W/m²くらいになります。金星の赤外線放出上限は
地球と同程度なので、650 W/m²は上限を超えています。ということは、
金星では入射する太陽放射に見合う赤外線を放出できず、暴走温室効果
により気温がどんどん上がることになります。液体の海も存在し得ませ
ん。昔存在したかも知れない金星の海は全部蒸発して、現在では金星大
気の一部になってしまったのです。

　第1章で紹介したとおり、金星は大気圧が地球の92倍、表面温度が
464℃という高温高圧の惑星ですが、これは暴走温室効果のためでした。
もっとも、金星が暴走温室状態にあったのは過去のことであり、現在の
金星には当てはまりません。というのは、現在の金星は分厚い雲で覆わ
れていて、白っぽいため、太陽放射の大部分を反射しているためです。
金星の暴走温室効果は、金星誕生直後に起きたと考えられています。ち
なみに、現在の金星では、降り注ぐ太陽放射エネルギー650 W/m²のう

ち約80％は反射されてしまい、金星自身を暖めるのに使われているエネルギー量は130 W/m$^2$程度と考えられています。現在の金星では、入射する太陽放射と放出される赤外線とが釣り合って、気温は高温ながら安定しているわけです。ちなみに、地球のアルベドは約30％です。金星と大きく違うことがよくわかります。

## 2.4 気温の鉛直分布と水平分布

前節までで放射平衡を勉強しました。この放射平衡により、地球の気温が決まっています。では、実際の気温はどんな分布をしているでしょうか？　ここで、地球気温の鉛直分布と水平分布を見てみましょう。

### 1 気温の鉛直分布

図2.6は、東西方向に360度平均した1月と7月の気温の南北・鉛直分布です。図の横軸は緯度で、左端が北極、右端が南極になります。縦軸は気圧を示していますが、高度に相当します。たとえば、700 hPaは高

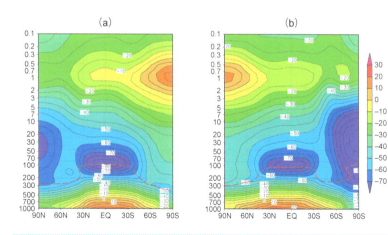

**図2.6** 1月（a）および7月（b）の気温の南北・鉛直構造

東西方向には360度平均している。赤破線は圏界面の高さを示す。

さ3000m付近、500hPaは5500m付近、また200hPaは12000m付近に対応していて、縦軸の上端は0.1hPa（おおよそ65000mに相当）です。地表面付近を見ると、気温が最も高いのは赤道周辺で、両極に向かうに従って気温が低下する様子がよくわかります。また、高さ方向で比較すると、100hPaまでは地表面から離れるほど（高いところほど）、気温はだんだんと下がります。これは、2.2節で説明したように、大気は主に地表面から暖められており、高いところほど地表面から受け取るエネルギーが少ないためです。しかし、100hPaより上では高いところほど、今度は気温が上がっています。

気温が下降から上昇に転じるのは、赤道では気圧100hPa付近、北極では200〜300hPa付近です。上空に行くに従って気温が下がる高度領域が**対流圏**、気温が上がる領域が**成層圏**と呼ばれています。そして、対流圏と成層圏の境目を**圏界面**といいます。**図2.6**で圏界面の高さを赤破線で示しました。厳密には、圏界面は気温低下率が高度差1kmあたり2度以下になる高さで定義されています。

成層圏で上空に行くに従って気温が上がるのは、オゾンが存在するためです。第1章で陸上において生命が生きられるのはオゾンが有害な紫外線を吸収するため、と述べましたが、そのオゾンは主に成層圏に存在しています。オゾンが紫外線のエネルギーを吸収することにより成層圏は暖められ、その加熱量は上空に行くほど大きくなります。加熱量が最も大きくなるのは1hPa（約50000m）付近で、この高度で気温が最大になります。

## 2 気温の水平分布

次に、気温の水平分布を見てみます。**図2.7**は1月と7月の世界の月平均気温です。1月は、北半球では冬、南半球では夏に相当します。7月は北半球が夏、南半球が冬です。大まかには、1月・7月とも赤道付近が最も暖かく、北極や南極に向かうに従って気温が低下するのがよくわかります。しかし、同じ緯度帯でも地域によって気温がかなり違います。たとえば、東京付近（北緯36度）では1月には5℃の等温線が通っ

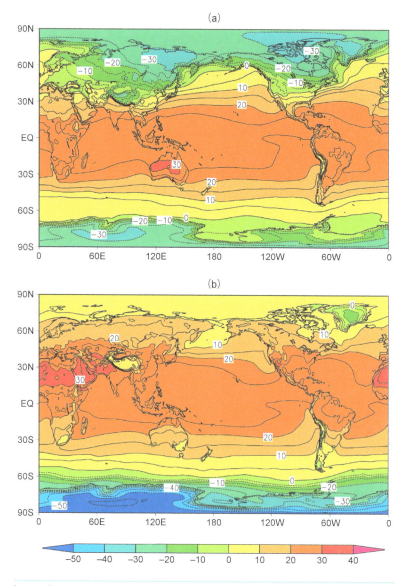

図2.7 1月（a）および7月（b）の月平均地上気温分布

ています。この等温線を東へたどるとアラスカの南端（北緯60度）に達します。つまり、日本の東の太平洋は、日本付近に比べて暖かいわけです。一方、ユーラシア大陸に目を向けると、1月のシベリアは太平洋や大西洋に比べて非常に低い気温になっています。最も低温になっているのは東シベリアで、−30℃以下になっている地域も見られます。北米大陸も海と比べてやはり低温です。一方、7月を見ると、北アフリカやアラビア半島には35℃を超える地域が見られますが、海上では30℃を越える地域はありません。一般的に、冬は海の方が相対的に暖かく、陸は冷たくなっています。逆に、夏は陸の方が暖かくなります。陸は暖まりやすく冷えやすいのに対して、海は変化が比較的穏やかなことがわかります。

### 3 放射収支の水平分布

**図2.8**は、2.2節で勉強した年平均の放射エネルギーおよびその収支の地理的分布を大気上端で見たものです。地球が受け取る太陽放射エネルギーは全球平均で239 W/m² でしたが、熱帯には320 W/m² 以上の地域が広がっています。一方、高緯度（北極や南極付近）では80 W/m² 以下となっていて、太陽放射エネルギーは緯度方向に大きく変化しています。これに比べて、赤外放射は緯度方向のコントラストが比較的小さく、熱帯で約280 W/m²、高緯度では約160 W/m² となっています。このため**図2.8c**で見るように、放射収支は、熱帯では約80 W/m² の入射超過、高緯度では約80 W/m² の射出超過となります。

このように、全球平均では釣り合っている放射収支も、緯度別に見ると釣り合っていません。熱帯で入射超過となったエネルギーは、大気や海を通して高緯度へと運ばれます。大気の場合、エネルギーを運ぶ主役はハドレー循環（第7章でくわしく述べます）です。海では、海流（第8章で述べます）が熱帯から高緯度へとエネルギーを運んでいます。つまり、熱帯と高緯度との間の放射収支の差が大気や海洋の大規模な流れを作り出しているわけです。

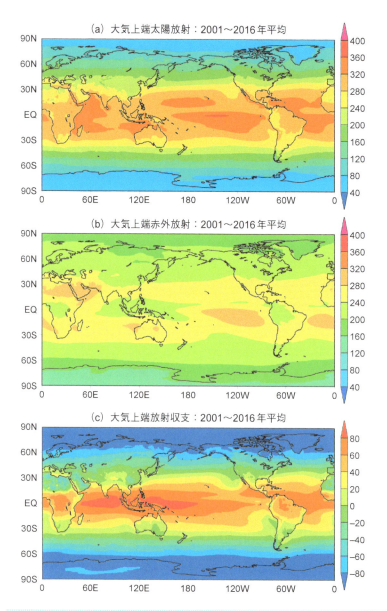

**図2.8** 大気上端における年平均の、(a) 太陽放射、(b) 赤外放射および (c) 放射収支。
単位はW/m²。放射収支は、正値が地球を加熱、負値は冷却に対応する。

Introduction to **Meteorology**

第Ⅰ部 | 気象学を支える科学原理

# 第**3**章　☁ 雲と降水

> 雨は雲の中で作られ、地上へ落下してきます。雲から降ってくるものには、液体の雨以外に雪や雹（ひょう）のように固体のものもあり、また雲にも様々な種類があります。雨や雪・雹などを総称して降水といいます。ここでは、雲の種類や、雲から降水が作られるメカニズムを見てみましょう。また、世界中の雨量分布についても触れます。

## 3.1　10種雲形

　雲の形や色は様々です。青空にポッカリ浮かんだ白い雲もあれば、大雨を降らせる分厚い黒い雲もあります。ここでは、その色々な雲の種類を見てみましょう。

### 1 高さによる分類と形状による分類

　雲を分類するとき、2通りの方法があります。1つは雲ができる高さによる分類で、下層雲、中層雲、上層雲の3種類に分けられます。下層雲は2000m以下程度の低い場所にできる雲で、上層雲は6000m以上の高い場所にできます。中層雲は下層雲と上層雲の中間の高さです。もう1つの分類法は、雲の形状によるものです。ほうきで掃いたように滑らかか、あるいはボツボツとかたまり状になっているかで大きく2種類に分けられます。滑らかな雲は層雲系と呼ばれて、かたまり状になっている雲は積雲系といいます。層雲系と積雲系の中間の雲もあり、層積雲系と呼ばれます。積雲系と層雲系の違いは上昇流の強さの違いによるものです。上昇流が強いと積雲系になり、弱いと層雲系になります。

　このような分類法を使って、世界気象機関では雲を10種類に分類し

035

**図3.1** 10種雲形

**表3.1** 10種雲形

| 雲の分類 | 名称 | |
|---|---|---|
| 上層雲 | 巻積雲（氷） | 積乱雲（水＋氷） |
| | 巻雲（氷） | |
| | 巻層雲（氷） | |
| 中層雲 | 高積雲（氷＋水） | |
| | 高層雲（氷＋水） | |
| | 乱層雲（氷＋水） | |
| 下層雲 | 層積雲（水） | |
| | 層雲（水） | |
| | 積雲（水） | |

ています。これを **10種雲形** と呼んでいます。高さ別に3種類、形状別に3種類だと3×3＝9種類になりそうですが、高さ別に分けられない雲もあり、全部で10種類となります（**図3.1**、**表3.1**）。以下では10種類の雲の違いを細かく見てみましょう。

## 2 下層雲・中層雲・上層雲

まずは下層雲です。上に書いたように、地上2000mくらいの高さま

でにできた雲を下層雲といいます。下層雲の雲粒はおもに水滴からでき
ています。これくらいの高度だと、氷点下になることはほとんどないた
めです。高さ2000mくらいまでの大気は地面の影響を強く受けます。
具体的には、地面と大気の摩擦で乱流がよく発達して上昇流があちこち
にできることと、地面からの蒸発でよく湿っていることです。下層雲も
当然これらの影響を受けて形成されます。たとえば、ある程度強い上昇
流があると上昇した水蒸気が凝結して**積雲**ができます。また、冷たい地
面の上に暖かい空気が吹いてくると、空気が冷やされて水蒸気が凝結し、
**層雲**となります。この場合、上昇流が弱いと層雲ですが、ある程度強い
と**層積雲**となります。

夏の暑い日などには、地面付近が日射で暖められて上昇流が強くなり
やすいですが、上昇流が非常に強い場合、積雲はどんどん成長して**積乱
雲**になります。積乱雲は地面付近から大気上層にまで高くそびえ立つの
で、上中下層雲のどれにも分類できません。積乱雲はカミナリ雲とも呼
ばれていて、大雨と同時に落雷も引き起こします。積乱雲で大雨が降る
のは、強い上昇流に伴って積乱雲に向かって周りから空気が集まり、同
時に水蒸気も運ばれてくるからです。近年、集中豪雨が日本のあちこち
で発生して大きな被害も出ていますが、集中豪雨の原因となっているの
も積乱雲です。逆に上昇流が弱いと、雲は発達できず、積雲として大気
下層を漂うように存在します。

上層雲は地上6000m以上の対流圏上層部にできます。上層雲は氷粒
からできています。6000m以上では大気は氷点下です。上層雲ができ
る高度では気温が低いため、大気中に含まれる水蒸気量も少なく、その
ため雲粒の数も大変少なくなります。上層雲が薄く透けて見えるのは、
雲粒が少ないためです。また、上空では強い風が吹いていることが多い
ので、上層雲は風に流されて箒（ほうき）で掃いたように見えます。

中層雲は下層雲と中層雲の中間の高さにでき、雲粒は水滴と氷粒の両
方からできています。中層雲のできる高さは2000～6000mですが、こ
の高度では気温はプラスになることもマイナスになることもあります。
しかし、気温がマイナスになっても、やはり中層雲は水滴と氷粒からで

きています。つまり、気温がマイナスになっても凍らない水滴が存在するのです。これを**過冷却水滴**といいます。中層雲の高度でも気温が低いため水蒸気量は少なく、雲粒も多くはありません。もちろん、上層雲よりは水蒸気は多いため、それよりやや厚いですが、やはり半分透けたような見え方をします。

## 3.2 空気中の水蒸気と雲

### 1 飽和と不飽和

空気中に含まれる水蒸気量には上限があります。その上限のことを**飽和水蒸気圧**といいます。水蒸気圧とは空気中の水蒸気量を表す単位の1つで、水蒸気がおよぼす圧力のことです。空気中の水蒸気量が上限に達

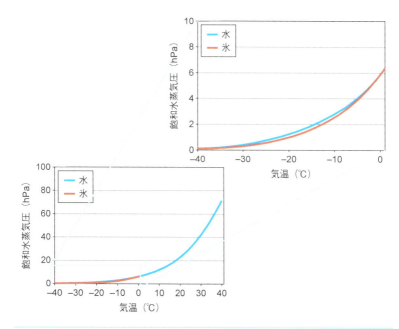

図3.2 水および氷に対する飽和水蒸気圧

していない場合を不飽和といい、上限に達した場合が飽和です。飽和水蒸気圧は気温が高いと大きく、気温が下がると小さくなります。

　大気中に上昇流があると、上昇に従って気温が下がるため飽和水蒸気圧は次第に小さくなり、ある高度まで上昇すると空気は飽和水蒸気圧に達します。すると空気中に含まれきれなくなった水蒸気は凝結することになります。こうして雲粒ができます。実際には、水に対する飽和水蒸気圧と氷に対する飽和水蒸気圧は少し違います。**図3.2**で示すように、氷に対する飽和水蒸気圧の方が少し小さい値です。

## 2 水雲と氷雲

　雲についてよく誤解される点を正しく理解しておきましょう。雲を形つくるのは水蒸気ではありません。雲は水滴（液体）や氷粒（固体）からできています。水蒸気は無色透明の気体なので、もし雲が水蒸気でできているなら目に見えないはずです。雲が真っ白に見えたり黒っぽく見えたりするのは、雲をつくる水滴や氷粒が光を反射したり遮ったりしているからです。

　さて、積雲や積乱雲は雲の内側と外側の境目がハッキリしていますね。いかにもモクモクと発達している雲は、その境目がハッキリしているからモクモクと見えるわけです。これに対して、巻雲や巻層雲といった上層雲は雲の境目がハッキリしません。外側へいくほど雲がだんだんと薄くなって、いつの間にか雲の外に出ています。なぜ、こんな差があるのでしょう？　この差は、雲が水滴でできているか、氷粒でできているかの違いによります。

　氷は比較的蒸発しにくい（物理学の言葉で表現すると「氷に対する飽和水蒸気圧が小さい」）ので、上層雲をつくる氷粒は周りの空気と混合してもゆっくりと蒸発し、雲の境界付近では雲粒の一部が飽和していない部分へしみ出しているのです。そのため、不飽和の部分にも雲粒が存在し、雲の境界がはっきりしなくなります。一方、水は比較的蒸発しやすい（水に対する飽和水蒸気圧が大きい）ため、下層雲をつくる水滴は周りの空気と混合するとすぐに蒸発してしまいます。こうやって、飽和

した部分にのみ水滴が存在し、不飽和の部分が雲の外側となります。

### 3 雲の光学的厚さ

　雲にはいろんな色がありますね。青空にポッカリと浮かんだ白い雲、大雨を降らせる分厚い黒い雲。同じ水滴や氷粒からできている雲のはずなのに、こんなに色が違うのは不思議ですね。様々な色の雲がある理由には、雲の厚さが関係しています。厚さといっても、雲の頂上部から底面まで何メートルあるかではありません。雲の中を光がどれくらい透過できるかを示す尺度のことで、**光学的厚さ**と呼ばれています。透過する光の割合が小さいほど「光学的に厚い」と表現します。

　雲の中では、水や氷からなる雲粒が光を乱反射したり吸収したりしています。たとえば、巻雲を通して青空がうっすら見えますね。こんなときは、ほとんどの光は雲を透過していて、雲は光学的に非常に薄いといえます。雲などを透過した光の強さは

$$f = f_0 e^{-x/\kappa}$$

で表すことができます。この式は距離ゼロにおける光の強さが $f_0$ のとき、距離 $x$ では $f$ に減衰することを示しています。また、$e$ は自然対数の底で $e = 2.71828$、$\kappa$ は距離の次元を持つ定数で光の透過しやすさを表しています（値が大きいほど透過しやすい）。このときの指数の肩にある

$$\tau = x/\kappa$$

を光学的厚さといいます。$x = \kappa$ のとき（つまり $\tau = 1$）、光学的厚さは1であるといいます。このとき、雲の中を通り抜けた光の強さは $1/2.71828 ≒ 37\%$ に減衰しています。また、$x = 2\kappa$ だと光学的厚さは2で、$1/e^2 = 1/2.71828^2 ≒ 14\%$ に減衰することになります。

　光学的厚さが薄いほどたくさんの光が透過するので、雲は比較的明るく、また乱反射のため白く見えます。上層雲の場合、雲粒が少ないため光学的に薄く、雲は白いだけでなく青空が透けて見えています。逆に雲粒が大量にあると、透過する光が少なく、黒く（つまり暗く）見えます。これが光学的に厚い状態です。雲粒が大量にあるということは大雨につながるので、雲が黒く見えるときには早めに避難するなど要注意です。

## 3.3 降水の形成過程

### 1 なぜ雲は落ちない？

　水滴や氷粒からできている雲は、なぜ落ちてこないのでしょう？　雲が落ちてこない理由には、雲を形作っている水滴や氷粒の大きさが関係しています。雲を形作る水滴や氷粒の大きさは大まかに 10 μm（= 0.01 mm）くらいです。これくらい小さいと、空気分子によるブラウン運動の影響が大きいため、なかなか落ちてきません。ブラウン運動というのは、微粒子に気体分子や液体分子がぶつかって、微粒子が反動でジグザグ運動するものです。今の場合、空気分子がぶつかることで、雲粒はブラウン運動をしています（**図3.3**）。

　つまり、雲粒は落ちているのですが、多数の空気分子との衝突のためにまっすぐ落ちることができず、落下速度が非常に遅いのです。大きさ

| 図3.3 | ブラウン運動

雲粒は小さいため、空気分子との衝突の影響を強く受ける。そのため、ジグザグに落下し、落下に非常に長い時間を要する。

10 µm の雲粒の落下速度は 3 mm/s、つまり 10 m/h くらいになります。雲の中には上昇気流があり、また雲自体の寿命も 1 時間くらいなので、1 時間に 10 m くらい落ちても気がつかないわけです。このように、雲粒はほんのわずかしか落ちないということが、雨粒の形成において重要です。ほんのわずかしか落ちないことがなぜ重要なのか、次項で見ていきましょう。

## 2 水蒸気から雲粒ができる過程

　雲粒は 10 µm 程度の微粒子ですが、雨粒は 1 mm もある大きな粒です。小さい雲粒がどのようにして大きな雨粒に成長するか、順番に見ていきましょう。まず、上昇流に乗った空気が上空で冷やされ、その中の水蒸気が凝結して雲粒になるプロセスがあります。第 2 章で見たように、大気は上空にいくにしたがって気温が下がります。大気中に含まれうる水蒸気量（飽和水蒸気量）は気温の関数になっていて、気温が下がると飽和水蒸気量は急激に小さくなります。上昇した空気はもともと含んでいた水蒸気を保持できなくなるのです。保持できなくなった分の水蒸気は凝結し、雲粒になります。つまり、上昇流があるところで雲ができるわけです。逆に、下降流がある所では雲はできません。

　雲粒がある程度多くなると、雲粒は雨粒へと成長しはじめます。その成長メカニズムを見てみましょう。しかし、雲粒に単純に水蒸気が付着して雨粒にまで成長するわけではありません。水蒸気が凝結してできた小さな水滴や氷粒にさらに水蒸気が付着して成長するのは雲粒程度の大きさまでが限度です。水蒸気の付着で雨粒の大きさにまで成長するには大変時間がかかるからです。理論的には、水蒸気の付着によって 1 µm の雲粒が 100 µm まで成長するのに要する時間は 1 時間程度ですが、さらに 1 mm まで成長するには数日かかります。ということは、実際の雲粒から雨粒への成長は、水蒸気の付着ではなく、違うメカニズムによるものです。実際、雨粒の成長は次に述べるプロセスによるものです。

## 3 雲粒から雨粒ができる過程

　雨粒の成長は雨粒と雲粒の落下速度の違いによっておきます。雨粒は大きいので空気分子によるブラウン運動の影響はほとんど受けず、落下速度も大きくなります。直径1 mmの雨粒の落下速度は5 m/sくらいです。一方、前述のように雲粒の落下速度は3 mm/s程度しかなく、雨粒の落下速度は雲粒の1000倍以上も大きいことになります。ということは、雲の中では雨粒は雲粒を追い越して落下していることになります。追い越す際には衝突も起きうるわけで、実際雨粒は雲粒に衝突しながら落ちていきます。衝突すると、雲粒は雨粒にくっついて雨粒の一部になってしまいます。こうやって、雨粒は落下する途中で雲粒をかき集めながら成長していきます（**図3.4**）。

　といっても、雲ができた当初はその中に雨粒は存在しません。周りより少しだけ大きい雲粒が少しだけ大きな速度で落下して、雲粒同士の衝突がほんの少し起きます。その結果大きくなった雲粒はブラウン運動の影響が小さくなって落下速度が大きくなり、衝突の頻度も増えます。このようにして、雪だるま式に雨粒が形成されていきます。このような雨

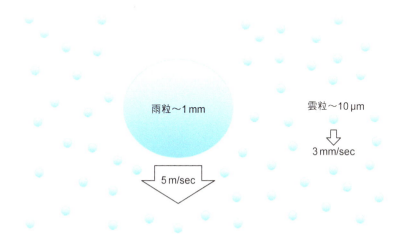

**図3.4** 併合過程による雨粒の成長

雨粒と雲粒の落下速度の違いのため、雨粒は雲粒を追い越しながら衝突・捕捉していく。

粒の成長のプロセスを**併合過程**といいます。

これまで雲粒から形成され、地上まで落下するものを「雨」と表現してきました。雨というと液体の水を思い浮かべますが、皆さんご存じのように雨以外にも雪や雹など固体として降ることもあります。液体と固体の落下粒子を総称して**降水**と呼びます。液体降水（雨）も固体降水も併合過程で成長します。

### 4 過冷却水滴と昇華凝結過程

日常の生活では、気温が氷点下の場合には、水は凍結して氷になります。しかし、雲の場合、氷点下でも水滴が多数存在します。その理由は、**過冷却**です。過冷却のため、氷点下になっても水滴が凍らず、液体のまま存在できるのです。特に、粒が小さいとなかなか凍りません。観測によれば、雲粒ほどの大きさの場合、−40℃くらいまでは水滴が存在できるようです。

ただし、−40℃以上の気温ではすべての雲粒が水滴というわけではなく、一部は氷となり、一部は水のままという状態になります。つまり、気温が−40〜0℃の範囲では、雲の中には水滴と氷粒とが混在していま

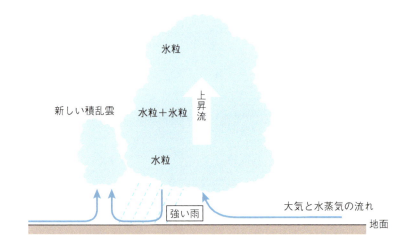

図3.5 積乱雲の構造

す。3.1節で中層雲は水と氷が混在していると書きましたが、中層雲はこの温度範囲にあるためです。

　過冷却水滴が存在する雲の中では、もう1つの降水粒子成長過程が働きます。3.2節で述べたように、水に対する飽和水蒸気圧は大きいため、水滴の周囲は不飽和となっていて水滴の蒸発が起きます。蒸発した水蒸気は氷粒の表面に吸着されます。氷に対する飽和水蒸気圧が小さいため、氷粒の周囲では飽和状態となっているためです。このような降水粒子の成長過程を**昇華凝結過程**と呼びます。昇華凝結過程では降水粒子として雪が作られます。氷粒の表面に水蒸気が直接付着するので、氷の結晶が成長して雪となるのです。

## 5　エアロゾル

　−40〜0℃の間で一部の水滴が凍るのは、氷晶核があるためです。大気中に微粒子が浮遊していると、過冷却の水滴がこの微粒子に吸着され氷結します。こうして氷粒が作られていきます。この微粒子のことを**氷晶核**といいます。氷晶核の正体は、大気中を浮遊する**エアロゾル**です。水が0℃以下で凍るためには、何か物理的な刺激を受けることが必要で、刺激を受けた部分から氷の結晶が成長し凍結が進むのですが、この場合、エアロゾルが刺激物になります。逆にいうと、エアロゾルの刺激を受けていない水滴が、過冷却により0℃以下の雲の中に液体のまま存在しているのです。また、水蒸気が凝結する際にも核となる微粒子があると凝結が効率よく進みます。核となる微粒子を**凝結核**といいますが、これもエアロゾルです。

　エアロゾルには、たくさんの種類が存在します。たとえば土壌粒子、すなわち乾燥した陸地から舞い上がった土埃がその一種です。土埃もサイズが大きい（重い）とすぐに落下しますが、直径0.1μmくらいの小さな（軽い）土の粒は舞い上がると長時間大気中を浮遊して、なかなか落ちてきません。これもまたブラウン運動のためです。火山性のエアロゾルもあります。火山の噴火により放出された亜硫酸ガス（$SO_2$）が雲粒などと反応して、硫酸エアロゾルとなります。他にも、氷晶核として

**Column**

## 人工降雨と氷晶核

エアロゾルは氷晶核として重要な役割を果たしていて、過冷却の水滴を減らしています。しかし、それでも過冷却水滴がある程度存在します。過冷却水滴がすべて凝結するには、氷晶核の量が十分ではないのです。このことは、人工降雨の可能性を示唆しています。過冷却の水滴に氷晶核となる物質をばらまいてやれば、氷晶化が進んで雪になるわけです。もちろん大抵の場合、雪は落ちてくる途中で融けて雨になります。

人工降雨を実施する場合、氷晶核として飛行機からヨウ化銀粒子をばらまくことが多いようです。ヨウ化銀の結晶構造は氷とよく似ていて、そのためヨウ化銀には雲粒が付着しやすいからです。ただし、ヨウ化銀のような化学物質を自然界にばらまく場合、副作用も考えなければいけません。氷晶核となったヨウ化銀は雨や雪と共に地面に落ちて、そのまま地面に蓄積するからです。そのため、最近では氷晶核としてドライアイスを使うことも増えてきました。ドライアイスは蒸発してしまえば、気体の二酸化炭素になるだけなので、環境への影響も心配せずにすみます。よく知られているように二酸化炭素は地球温暖化の原因物質ですが（詳しくは第13章でふれます）、人工降雨で使う二酸化炭素量は地球温暖化に対しては無視できるくらい微量です。過冷却の水滴が大量に存在する雲をうまく探して人工降雨が効率的にできるようになれば、水不足の解消にもつながります。人工降雨はまだ研究段階ですが、将来は冬の間に人工降雨で雪を山に降らせておいて、夏場の水不足に備えることも可能になるかもしれません。

重要なものには、海塩核やブラックカーボンがあります。海塩核は、海の波しぶきから大気中に飛び出した海水の粒が蒸発したものです。蒸発した後に残る塩の結晶がエアロゾルとなります。また、ブラックカーボンは森林火災などで発生した煙の中に含まれるススの粒です。

## 3.4 世界の降水量分布

　みなさんは、自分の住む地域で雨が年間にどれくらい降るかご存知ですか？　年間にどれくらい降るのか、大変興味ある問題です。ちなみに、雨量（雨だけでなく雪や雹などもすべて含める場合は**降水量**といいます）は、雨が流れ出さないように地面に溜めたらどれくらいの深さになるか、を表します。例えば、「日降水量100 mm」というのは1日に降った雨や雪が10 cm（100 mm）の深さに相当する、という意味です。

### ① 世界各都市の降水量比較

　さて、東京の年間降水量の平年値は約1500 mmです。つまり、1年間に深さにして約1.5 mの雨が降るわけです。この1500 mmという降水量は世界の中で多い方でしょうか、少ない方でしょうか？

　表**3.2**に世界の主要都市の年間降水量を示しました。これを見ると、東京は韓国南東部の都市・釜山と並んで世界でも降水量が多い都市だと

|表**3.2**|世界各都市の年間降水量

| 都市 | 緯度 | 経度 | 年間降水量（mm） |
|---|---|---|---|
| 東京 | 35.7N | 139.8E | 1529 |
| 釜山 | 35.1N | 129.0E | 1518 |
| 上海 | 31.4N | 121.5E | 1157 |
| イスタンブール | 40.9N | 29.2E | 680 |
| ロンドン | 51.5N | 0.4W | 640 |
| パリ | 48.7N | 2.4E | 613 |
| マドリード | 40.4N | 3.7W | 436 |
| ニューヨーク | 40.8N | 73.9W | 1146 |
| サンフランシスコ | 37.6N | 122.4W | 517 |
| ブエノスアイレス | 34.6S | 58.5W | 1213 |
| シドニー | 33.9S | 151.2E | 587 |
| ケープタウン | 34.0S | 18.6E | 546 |

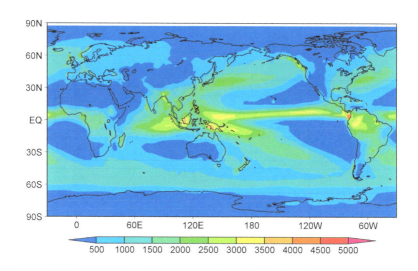

図3.6 世界の年降水量分布（mm/年）

いうことがわかります。特に、ロンドン・パリといったヨーロッパの都市と比べると、東京は2倍以上の雨が降っています。

図3.6は、世界中の雨量計や人工衛星による観測から求められた年間降水量の分布です。降水量が最も多いのは太平洋の赤道付近です。おおよそ年間3000〜3500 mmくらい降っていて、これは東京の2倍以上です。同じ緯度帯でも、大西洋やインド洋に比べて、太平洋上の降水量はかなり多いことが見て取れます。もう1つの特徴として、太平洋や大西洋の西岸では中緯度地帯でも降水量が多いこと、逆に東岸では降水量が少ないことがわかります。次項以降では、このような降水量の地域分布が生じる理由について考えていきましょう。

## 2 熱帯と亜熱帯

赤道付近の熱帯で降水量が多いのは、気温が高くて水蒸気量も多いからです。このことは、理解は難しくないでしょう。

亜熱帯の地域では、熱帯地域と比べて降水量が急激に減りますが、これはこの付近に高気圧が存在するためです。日本付近には太平洋高気圧

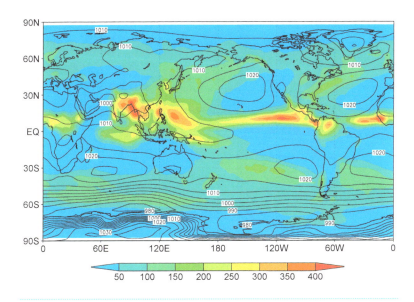

**図 3.7** 8月の海面気圧（hPa）と降水量分布（mm/月）

があり、実際、日本の南東海上を見ると、太平洋高気圧の中心付近では降水量が少ない領域が見えます（**図 3.7**）。亜熱帯に位置するアフリカ大陸北部のサハラ砂漠も、同じ理由で降水量が少ないのです。なぜ高気圧があると降水量が少ないのでしょうか。亜熱帯で降水量が少ない理由は、赤道付近の熱帯で大量に降った雨により発生した上昇流が亜熱帯で下降するからです。上空の水蒸気の少ない空気が下降しているため、高気圧付近は乾燥していて雨が降りづらいのです。この地球規模の上昇流・下降流の構造をハドレー循環と呼びます。ハドレー循環については、第7章で改めて説明することにします。

### 3 大洋の西岸・東岸比較

太平洋や大西洋の西岸で降水量が多い理由も、亜熱帯に位置する高気圧と関係があります。北半球の高気圧の周りでは、風は時計の針と同じ向きに回っています（南半球では、時計の針と反対方向です）。すると、日本付近のように高気圧の西側にあたる大洋の西岸地域では、高気圧の

周りを回る暖かい湿った南風が吹き込むことになります。この南風が大量の水蒸気を運び込んで雨を降らせることになり、この地域は高温で湿った気候となります。逆に、カリフォルニア付近のように高気圧の東側にあたる地域では、冷たくて乾いた北風が吹き込むため、涼しくて乾いた気候になります。サンフランシスコの降水量が東京の1/3しかない（**表**3.2）のは、このためです。同様に、大西洋西岸のニューヨークの降水量は、東岸のロンドン、パリ、マドリードと比べて多くなっています。

Introduction to **Meteorology**

第Ⅰ部 | 気象学を支える科学原理

# 第**4**章 ☁ 大気の運動学

　本章では、大気が運動するしくみを学びます。まず始めに、流体の運動の取り扱い方と、流体に働く力について解説します。次に、大気の運動は地球の自転の影響が無視できないことを述べ、そして、ジェット気流のような大規模な流れのしくみを考えていきます。章の最後では、大気と海洋という異なる流体同士が接しているところ、すなわち両者の境界付近の流体の運動についても学びます。

## 4.1 流体に働く力

　私たちが肌で感じる風は空気の運動ですが、空気はどのように運動するのでしょうか。そのしくみを理解するには、空気をどのような物体として取り扱うかが問題になります。物体の取り扱い方は大きく3種類あり、(1)質点として扱う方法、(2)剛体として扱う方法、(3)連続体として扱う方法、があります。ここではまず、物体の運動の記述方法から学んでいきましょう。

### 1 質点・剛体・連続体

　力学において最も単純化された物体、すなわち大きさのない"質点"が空間を自由に動くとき、その運動を記述するためには、3次元の位置座標 $(x, y, z)$ を指定する必要があります（運動の記述に必要な変数の個数を自由度といい、いまの場合、自由度は3です）。次に、変形しない物体"剛体"では、重心の位置座標の他に、剛体の傾き（姿勢）を表す3つの角度情報が必要です。したがって、自由度は6になります。ところが、外力によって容易に変形してしまう、大気のような"流体"の場合には、剛体のような簡単な記述はできません。

051

たとえば、個々の気体分子が自由に運動している場合、分子1個を質点1個とみなすと、大気全体はまるで無数の質点がばらばらに運動しているようなものです。これを記述するには質点の数だけの運動方程式が必要となり、現実的ではありません。そこで、質点や剛体とは異なる概念——分子1個1個に注目するような微視的な見方ではなく、空気塊として記述する巨視的な捉え方が必要になります。多数の分子で構成される任意の空気塊について、密度や温度などの物理量の平均値をとると、その物理量は場所や時間で連続的に変化していきます。そのような仮想的な物体を"**連続体**"と呼びます。大気や海洋のような流体を連続体として取り扱うこととし、その巨視的な運動の記述方法を次に考えていきます。

## 2 連続体の記述方法① ——ラグランジュ記述

連続体の運動の記述方法には、ラグランジュ記述とオイラー記述があ

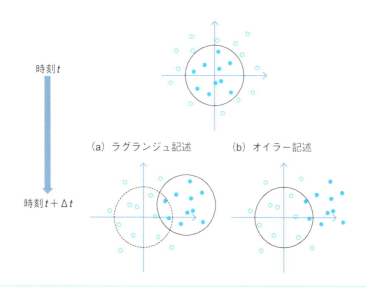

**図4.1 連続体の記述方法**
(a)ラグランジュ記述は、時刻$t$における円内の粒子の$\Delta t$時間後の運動を追跡して、移動する粒子群（空気塊）の物理量の変化を記述するもので、(b)オイラー記述は、固定された円内での$\Delta t$時間後の異なる空気塊の物理量の変化を記述する方法である。

ります。各記述方法の原理や特徴について、空気塊の運動を例に挙げて学んでいきましょう。まずはラグランジュ記述からです。

**ラグランジュ記述**は、任意の空気塊を追跡していく形で記述するもので、質点系の記述と良く似ています（**図4.1a**）。大気のラグランジュ記述が質点系記述と異なるのは、隣り合った空気塊がたがいに似たような運動をすることです。**図4.2**は、日本の南岸で急発達する低気圧の中心付近へ流入する空気塊を追跡したもの（すなわち、ラグランジュ記述）です。対象とする空気塊がどのような経路を辿りながら、その温度や水蒸気量などがいかに変化していったのかを知ることができます。図では経路は2つに大別できますが、各主経路において、隣接する空気塊が同じような経路を辿っているのが一目瞭然です。

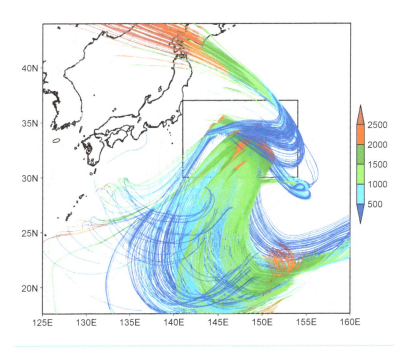

**図4.2 ラグランジュ記述の一例**

低気圧中心（四角で囲んだ領域）へ流入する空気塊の軌跡を描いている。線の色は空気塊の高度（m）を示している。

ところが、私たちが日々感じている気温や風や気圧などの気象の変化を調べようとすると、ラグランジュ記述はふさわしくないことがわかります。知りたいのは、私たちが今居る場所の気象の変化だからです。その場合、目の前を通過していく空気塊が一定時間後にどこにあり、どのように変質しているのかといった情報は余計です。このようなときには、もう1つの記述方法であるオイラー記述が役に立ちます。

### 3 連続体の記述方法② ──オイラー記述

私たちが居る場所（任意の固定点）を無数の空気塊が通り過ぎていきます。その場で風速・風向を測れば、その地点における大気の運動がわかるので、観測地点を増やして観測網を構築すれば、そのフィールド内の詳しい大気の流れを把握できます。また各観測地点で気温を測れば、フィールド内の気温分布の時間変化を捉えることができます。これが**オイラー記述**です（**図4.1b**）。実は私たちはすでにオイラー的な見方に慣れ親しんでいます。テレビの天気予報で見る地上天気図や日本各地の気温分布や、インターネットで見られるアメダスの風速・風向分布や降水量分布は、まさしくオイラー記述です。これらはすべて、任意の時刻における各地点の物理量を記述する方法で、フィールド（場）を俯瞰しています。

このように、個々の空気塊を追跡するのがラグランジュ的な見方で、固定点で物理量の時間変化を見るのがオイラー的な見方です。大気の運動を理解するためには、どちらの見方も重要です。

### 4 体積力と面積力

流体の運動を説明するにはニュートン力学の運動第二法則が適用されるので、流体に作用する力を把握する必要があります。ここで、流体に作用する力には体積力と面積力があることを知っておきましょう。

**体積力**は、その大きさが物体の体積や質量に比例して働く力で、流体に働く体積力といえば、重力があります。質点や剛体とは異なり、流体の運動を考える際は面積力も考慮しなければなりません。**面積力**は、隣

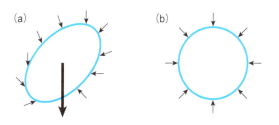

**図 4.3 | 流体に作用する力**
(a) 運動している空気塊に働く体積力と面積力。応力は法線応力と接線応力に分けられる。
(b) 静止している空気塊に働く面積力。応力は圧力（法線応力）のみ。

り合う流体が接触している面を通して互いに及ぼしあう力で、その大きさは面積に比例します。面積力の存在が、大気の複雑な運動の原因の1つになっています（**図4.3**）。

また、単位面積あたりの面積力は**応力**と呼ばれます。応力はその向きによって2つに分類されます。1つは、面に垂直な応力（法線応力）で、流体が静止していても働きます。これが**圧力**です。もう1つは、面に平行な応力（接線応力）で、流体が動いている場合に働きます。接線応力が働くのは、流体が粘性を持つからです。しかし、仮想的な非粘性の流体（**完全流体**）には接線応力が働かないので、圧力差に起因する気圧傾度力と重力だけを考えればよいことになります。

ここで、**気圧傾度力**を表す式を紹介します。重要なので覚えてください。東西方向（$x$方向で東向きを正とします）の気圧差によって西風（$u>0$）が加速している場合を考えてみましょう。単位体積あたりの完全流体の運動の時間変化を表す式は、

$$\rho \frac{\Delta u}{\Delta t} = -\frac{\Delta p}{\Delta x} \tag{4.1}$$

で表せます。ここで$\rho$は流体の密度、$p$は気圧、$t$は時間、右辺は東西方向の気圧勾配です。負の気圧勾配（東へ行くほど気圧が低い）で西風が加速されるので、右辺にはマイナスがつきます。極限（$\Delta t \to 0$, $\Delta x \to 0$）をとれば、

$$\frac{du}{dt} = -\frac{1}{\rho}\frac{\partial p}{\partial x} \tag{4.2}$$

という微分形の運動方程式になります。左辺が加速度で、右辺が東西方向の気圧傾度力です※。

## 4.2 回転流体とコリオリ力

前節で、完全流体の運動を支配するのは重力と気圧傾度力の2つだと述べました。ではこれらを学べば大気の運動学をマスターできるかというと、そう単純ではありません。地球大気の運動を理解するうえで、地球の自転は無視できない要素です。そこで本節では、回転する流体について考えていきましょう。コリオリ力という重要な力が登場します。

### 1 大気の奇妙な運動 —— 物理法則と観察のギャップ

地球は非常に速いスピード（赤道では秒速460m以上）で自転しており、地球表面に住んでいる私たちも大気や海洋も一緒に高速で回転しています。もし大気が地表と全く同じ角速度で回転しているのであれば、地上で風は起こりません。風が吹いているということは、大気が地表の回転とは異なる運動をしていることを意味します。その大気と地表との運動の差分こそが、地表にいる私たちが見ている大気の運動です。もし宇宙空間（絶対座標）から見た場合には、大気の運動は地表からとは違って見えるはずです（**図4.4**）。

たとえば、各地点で気圧と風向を観測して気圧分布図を作成すると（オイラー的な見方）、不思議な特徴が見てとれます。等圧線を引いて風向も記入してみると、等圧線を横切って高圧から低圧の地域へ風が吹き込むようすが表されます。ここまでは予想どおりです。しかし、どの地

---

※東西・南北・鉛直方向に気圧は変化しますが、ここでは東西方向の気圧変化だけに注目しているので偏微分で表しています。

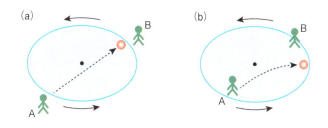

**図4.4 観察者AとBが見るボールの動き**
(a) 地球を回転する円盤に見たてて、宇宙空間から円盤上のボールの直線の動きをAとBがながめている。
(b) AとBが円盤上に乗ってみると、直線の動きをしているはずのボールが右方向に向きを変える様子が観察される。

点でも風向は等圧線と直角にならずに、なぜか等圧線を斜めに横切っていることに気づくはずです。気圧傾度力は圧力差に起因するので、その向きは等圧線に直交します。風（大気の運動）が気圧傾度力によって生じるならば、風向は等圧線と直交してもよさそうなのに、なぜ斜めに横切るのでしょうか。

また、台風も不思議な大気の運動の一例です。台風は同心円状の等圧線に囲まれています。ですから、中心に向かって等圧線に直交した風が吹いてもよいはずなのに、実際は渦を巻いたような風（北半球では反時計回りの風）だからです。

これらの例から、大気の運動を説明するには、気圧傾度力だけでなく何か別の力も考えなければならないことがわかります。つまり、私たちが知っている物理法則と私たちが実際に見ている大気現象とのギャップを埋める（つじつま合わせをする）には、"見かけの力"を導入する必要があるのです。

## 2 コリオリ力

その見かけの力というのが**転向力**（**コリオリ力**）です。高校の物理でも、回転する物体にはたらく遠心力（$F = mr\omega^2 = mV^2/r$）という見かけの力を習ったかもしれません。遠心力を復習しながら、コリオリ力も理解していきましょう。

まずは、回転流体に働く遠心力を考えます。中緯度で西風が風速$U_A$で吹いているとします。中緯度での自転速度を$U_E$、回転半径を$r$とした場合に、単位質量の回転流体に働く遠心力$F$を考えてみましょう。回転半径$r$は高緯度ほど小さくなりますが、ここでは緯度を固定して考えます（$r =$一定）。遠心力$F$は、大気の回転速度（$U_E + U_A$）の2乗に比例し、回転半径$r$に反比例するので、

$$F = \frac{(U_E + U_A)^2}{r} = \frac{U_E{}^2}{r} + \frac{2U_E U_A}{r} + \frac{U_A{}^2}{r} \tag{4.3}$$

となります。右辺の第1項は地球の自転による遠心力に相当します。この遠心力と万有引力の合力が重力であり、重力にその効果が含まれています。第3項は西風に働く遠心力に対応します。中緯度でも秒速300mをゆうに超える自転速度$U_E$に比べ、風速$U_A$はたいてい1桁以上小さいので、台風の中心付近や竜巻などの激しい現象を除いて、通常は右辺第3項は無視できます。

では、右辺第2項は何を表すのでしょうか。注目すべきは、地球の自転速度と風速の積（カップリング）の形になっている点です。その大きさは風速$U_A$に比例しています。もし無風（地表に対して大気が静止）であれば、この項は0となり意味をなしません。つまり、風が吹いてはじめて生じる力であり、風が速ければ速いほど地球の自転の影響が大きくなるのです。この項がコリオリ力に相当します。

ここで、式（4.3）を少し書き換えてみます。地球の自転の角速度を$\omega$として$U_E = r\omega$と表し、西風$U_A$を単に$U$とすると、単位質量の大気に働く遠心力$F$は

$$F = \frac{(r\omega + U)^2}{r} = r\omega^2 + 2\omega U + \frac{U^2}{r} \tag{4.4}$$

と表現できます。したがって、右辺第2項のコリオリ力の大きさは、風速$U$と自転角速度$\omega$がわかれば求められるのです。

次に、コリオリ力の向きについて考えましょう。**図4.4**を改めて見てください。地球を円盤に見立てたときに、北極上空（円盤の外）から眺めると円盤は反時計回りに回転しています。円盤上の観察者AとBか

らは、真っ直ぐ動いているはずのボールが右方向に向きを変える様子が観察されます。この様子は地球の大気の運動にも当てはまります。たとえば北半球中緯度で南風が吹いたとすると、自転により観察者の私たちも反時計回りに運動しているので、南風の向きを右方向に変えるようにコリオリ力が働くのです。

### 3  緯度による補正 —— コリオリパラメーター

地球が単純な円盤であればコリオリ力は簡単に計算できますが、実際には球体であるため、自転の影響は緯度によって異なります。そのため、緯度の補正が必要となります。**図4.5**の模式図を使って説明しましょう。

地球は剛体なので、どの地点でも自転角速度は同じです。ところが、地表面は球面なので、緯度の違いによって地表面の向きが変化します。そして、地表面の向きの変化にともない、地表面の回転角速度は変化します。ある緯度$\phi$の地表面の回転角速度は$\omega \sin \phi$になります。もし私たちが赤道上（$\phi = 0$）に居るとすると、その地表面の回転角速度は0です。また、もし私たちが南半球に居るとすると、地表面は北極に対して90度以上傾くことになるので、北半球の地表面を裏から見ているようなものです。そのため、南半球の地表面の回転方向が北半球のそれとは

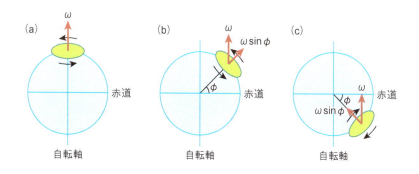

**図4.5 | 緯度によって異なる自転の影響**
(a) 北極の地表面を円盤とすると、円盤に乗っている人は自転角速度$\omega$で反時計回りに回転している。
(b) 緯度$\phi$では円盤が傾くので、その回転角速度は$\omega \sin \phi$となる。(c) 南半球では円盤が90°以上傾くので、円盤に乗っている人は時計回りに回転する。

逆向きになることは、容易に想像できると思います。**図4.4**の例でいえば、円盤が時計回りの回転をしていることになり、今度は真っ直ぐ動いているはずのボールが左方向に向きを変える様子が観察されます。つまり、南半球では風の向きを左方向に変えるようにコリオリ力が働きます。

このように、緯度補正を考慮すると、式（4.4）の右辺第2項、すなわちコリオリ力は$2\omega \sin\phi U$で表され、$2\omega \sin\phi$を**コリオリ因子（コリオリパラメーター）**と呼びます。

前節において、完全流体（非粘性流体）に働く力は気圧傾度力と重力の2種類であると述べました。地球の自転によって回転する完全流体の場合、さらにコリオリ力を追加する必要があります。

## 4.3 上空の大気の流れ

### 1 運動方程式ふたたび ——コリオリ力の追加

次に、完全流体についての水平2次元の運動方程式を考えましょう。重力は水平方向の運動に影響を与えないので、ここでは無視します。残ったのは気圧傾度力とコリオリ力です。式（4.2）と同じように東西方向（$x$方向）の風（速度$u$）の運動方程式を考え、コリオリ力を追加すると、

$$\frac{du}{dt} = fv - \frac{1}{\rho}\frac{\partial p}{\partial x} \tag{4.5}$$

となります。ここで$f$はコリオリパラメーター（$f = 2\omega \sin\phi$）、$v$は南北風の速度です。北半球では風向の直角右向きにコリオリ力が作用するので、南風（$v > 0$）が吹くと東向きの流れを加速する（$du/dt > 0$）ことになります。したがって、コリオリ力（右辺第1項）は$fv$となります。同様に、南北方向を$y$方向とし、北向きを正とすれば、南北風（速度$v$）の運動方程式は

$$\frac{dv}{dt} = -fu - \frac{1}{\rho}\frac{\partial p}{\partial y} \tag{4.6}$$

と表せます。これは、南北方向の負の気圧勾配（北へ行くほど低気圧）で南風が加速（$dv/dt>0$）される、という意味です。北半球では西風（$u>0$）が吹くと、直角右向きに作用するコリオリ力は北向きの流れを減速させる（$dv/dt<0$）ので、コリオリ力の項にはマイナスがついています。

もし流れが加速も減速もしない、すなわち（時間変化しない）定常流だと仮定すると、両式の左辺（加速度項）は0になります。コリオリ力と気圧傾度力が完全にバランスするということです。両者がバランスしているとすると、式（4.5）と式（4.6）から、

$$v = \frac{1}{f\rho}\frac{\partial p}{\partial x} \tag{4.7}$$

$$u = -\frac{1}{f\rho}\frac{\partial p}{\partial y} \tag{4.8}$$

という、南北風$v$と東西風$u$を与える式が得られます。東西方向の正の気圧勾配（$\partial p/\partial x>0$）があれば南風が吹き（$v>0$）、南北方向の負の気圧勾配（$\partial p/\partial y<0$）があれば西風が吹く（$u>0$）ことになります。ただし、南半球では$f<0$なので、風の向きは反対になります。

## 2 大規模な流れを表す地衡風

これらの関係を模式的に示したのが**図4.6**です。気圧分布がどうであ

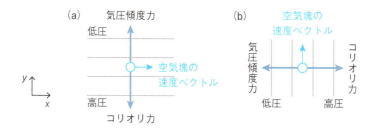

**図4.6** | 地衡風の概念
(a) 東西に等圧線が延び、北ほど気圧が低い時には、$\partial p/\partial y<0$なので、地衡風は北半球では西風（$u>0$）となる。(b) 南北に等圧線が延び、東ほど気圧が高い時には、$\partial p/\partial x>0$なので、地衡風は北半球では南風（$v>0$）となる。

れ、コリオリ力と気圧傾度力がバランスしていれば、風は常に等圧線と平行に吹きます。また、等圧線の間隔が狭いほど（気圧勾配が大きいほど）風速が大きくなることは、上の式から理解できます。このような風を**地衡風**（geostrophic wind）と呼んでいます。

　地衡風はあくまでも仮想的な風で、必ずしも実際の風を再現できるわけではありません。とはいえ、地表面摩擦の影響が小さい上空の風の流れは比較的よく再現できます。上空は粘性による応力がコリオリ力や気圧傾度力に比べて小さいので、ジェット気流のような実際の風を地衡風で近似しても大きな問題にはなりません。地球規模の大気の大きな流れを視覚的に捉える上で、地衡風の考え方はとても役に立ちます。ただし、コリオリ力が小さくなる熱帯大気では非地衡風的な流れが卓越します。

## 4.4 地衡風の高度変化

これまでは、ジェット気流のような上空の大気の水平な流れを考えて

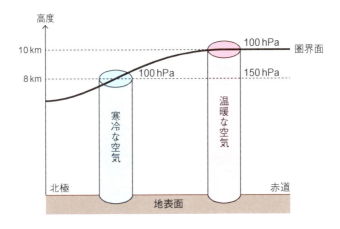

**図 4.7 ｜ 南北の気温差と気圧差の関係**

対流圏界面を100 hPa面と仮定し、低緯度の温暖な大気柱と高緯度の寒冷な大気柱を考える。南北方向の温度差によって、圏界面高度は10 kmから8 kmまで下がっている。高度8 kmで見ると、2つの大気柱の間に50 hPaもの南北気圧差がある。そのため、地衡風（西風）が吹くことになる。

**|図4.8|温度風の概念**

東西に等温線が延び、北ほど気温が低い時、下層の地衡風 $V_{g1}$ と上層の地衡風 $V_{g2}$ の差の速度ベクトル ($V_T$) は等温線に平行になる。

きましたが、どの高度でも同じような風が吹くのでしょうか。地衡風の考え方をあてはめると、あらゆる高さで水平気圧勾配が同様であれば、風向・風速にも高度による違いは生じません。でも実際の大気は、一般的に気温分布の影響で高度と共に水平気圧勾配が変化します。**図4.7** を用いて簡単に説明しましょう。

　北半球を例にあげると、主に中緯度では南北の気温差が大きいので、対流圏の厚さは温度が低い北側で薄く、温度の高い南側で厚くなっています。つまり、対流圏界面高度が高緯度で低く、低緯度で高くなっているということです。結果として、圏界面付近の特定の高度の気圧は、高緯度では低圧、低緯度では高圧になります。したがって、地表付近では無風だったとしても、南北の気圧勾配（南高北低）が生じている圏界面付近では、地衡風（西風）が吹くのです。上の例のように、南北の気温勾配があれば地衡風の東西成分が変化し、東西の気温勾配があれば地衡風の南北成分が変化します。

　**図4.8** に示すように、2つの高度間で地衡風の差（$V_{g2}-V_{g1}$）をとると、その差（ずれ）の速度ベクトル（$V_T$）は必ず層平均気温の等温線と平行になります。地衡風速度の高度方向（$z$ 方向）の勾配（$\partial V_g / \partial z$）は鉛直シアーと呼ばれ、水平気温勾配が大きい（等温線が混む）ほど鉛直シアーも大きくなります。この地衡風の鉛直シアーを**温度風**（thermal wind）といいます。ここで1つ注意して欲しい点は、仮想的とはいえ地

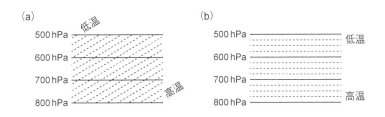

**図4.9 傾圧大気と順圧大気**
(a) 等圧線(実線)と等温線(破線)は交差している。これを傾圧大気と呼んでいる。(b) 等温線は等圧線と並行している。これを順圧大気と呼んでいる。

衡風は風ですが、温度風は風ではないということです。あくまでも高度間の地衡風差(速度ベクトルの差)を意味しています。紛らわしい名前ですが、従来から慣例的に使われてきたので、今でもこの用語が教科書に出てきます。

実際の大気は、水平方向に気温勾配があり、たとえば500 hPa面の天気図上で等温線が描けます。つまり、等圧面と等温面がどの高度でも交差しているのです。両者が交差する大気を**傾圧大気**(baroclinic atmosphere)と呼びます(**図4.9**)。実際の大気は傾圧大気ですが、等圧面と等温面が平行な仮想大気を考える場合があります。そのような仮想大気は**順圧大気**(barotropic atmosphere)と呼ばれ、水平気温勾配がないので地衡風の鉛直シアーも0(温度風は存在しない)です。

## 4.5 地表に近い大気の流れ

上で述べたように、地衡風は完全流体の定常流を仮定しているので、地表面摩擦の影響が小さい上空の風について考える際に有用です。地表面摩擦の影響をほとんど考えなくてもよい大気層は、大体850 hPa面より上で、高度でいうとおよそ1.5 kmより上空です。この高度を境にして、上の層を**自由大気**、下の層を**境界層**と呼んでいます。自由大気中の風は地衡風で大雑把に近似できますが、境界層では粘性による応力が相対的

に大きくなるため、実際の風は地衡風から大きくずれます。本節では、台風を例に挙げて、境界層の風とその風が海洋表層へ与える影響についても考えてみましょう。

## 1 摩擦収束

回転流体における境界層の形成は、とても興味深い現象をもたらします。たとえば、台風中心付近の自由大気の風の流れを考えてみましょう。

台風中心付近では強い回転運動が生じているので、遠心力（式（4.3）の右辺第3項）が無視できません。したがって、台風中心へ向かう気圧傾度力に対し、外向きの力（コリオリ力と遠心力の合力）がバランスしています。台風の中心へ向かう力と外向きの力が釣り合っているので、風は等圧線に沿って吹くのです。このように両者が釣り合っている状態を**傾度風平衡**と呼び、等圧線に沿って吹く風（接線風速）を**傾度風**といいます。地衡風も傾度風と同様に等圧線に沿って吹きますが、力のバランスに遠心力を含めるか否かが両者の違いです。

次に、台風中心付近の境界層について考えましょう。境界層では地表面摩擦の影響で風速が弱まるため、コリオリ力と遠心力が共に小さくなります。気圧傾度力が相対的に大きくなるため、傾度風平衡は崩れます。その結果、北半球では反時計回りに回転しながら台風中心へ向かう空気の流れが生じることになるのです。この現象を**摩擦収束**と呼び、収束した空気は台風中心付近で上昇します。このとき上昇する空気が非常に湿潤なため、上空で凝結し潜熱を解放し、台風を強める働きがあります。

## 2 海上の風が海水を引きずる

一方、台風直下の海洋表層でも興味深い現象が生じます。海洋も大気と同様に粘性流体なので、境界層が形成されますが、風によってこの海洋境界層内に不思議な流れが生じるのです。

まず、海上の風によって海面が引きずられ、海水の流れが生じます。風によって生じる海洋表層の流れを吹送流といいます。吹送流にもコリオリ力が働くので、北半球では流れは右へ転向します（**図4.10**）。ここで、

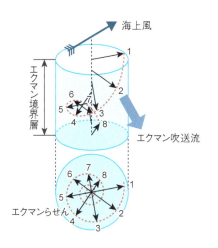

**図4.10 海上風によって生じる海洋表層の流れ**

北半球では海上風に対して海洋表層の流れが右に転向していく。その動きを底面に投影すると、らせん状になる。境界層全体で見ると海上風に対して直角右向きに海水が移動することになる。

境界層を仮想的にいくつもの層に分けて、上から第1層、第2層、……と呼ぶことにしましょう。大気に接している第1層の吹送流が右へ転向すると、第1層の吹送流にすぐ下の第2層が引きずられるので、第2層には第1層より右へ転向した吹送流が生じます。そして、下の層へいくほど吹送流の右への転向を繰り返しながら流速が小さくなっていき、風の影響を受けない境界層の底面まで続きます。

このように、回転流体で発達する境界層を特に**エクマン境界層**と呼びます。また、各層の流速ベクトルの終点を結んでいくと螺旋（スパイラル）を描くことから、それを**エクマン・スパイラル**といいます。大気境界層でも同様にエクマン・スパイラルが見られます。海洋表層のエクマン境界層の厚さはたかだか数十mです。海面から海洋境界層の下端までの各層の吹送流を鉛直方向に積分すると、境界層内の海水の正味の移動方向が求められますが、それが海上風に対して直角右向きになることが知られています。

もし流体が回転しない場合の境界層では、エクマン・スパイラルは生じず、海洋表層の流れの向きは海上風の風向きと完全に一致します。

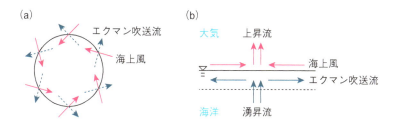

**図 4.11** 台風中心付近における大気・海洋の境界層内の流れ

(a) 台風中心付近の海上風のベクトル（実線の矢印）と海洋表層のエクマン吹送流のベクトル（点線の矢印）。ここで円は等圧線を示している。(b) 台風中心の鉛直断面を見ると、海上風は収束するが、エクマン吹送流は発散する。結果として、湧昇流が生じる。

### 3 台風直下の海洋表層の流れ

　改めて台風直下の海洋表層を考えてみましょう。傾度風平衡は崩れているため、海上の風は内向きに転向しています。その風に対して直角右向きに（エクマン）吹送流が励起されるので、結果的に吹送流は水平方向に発散することになります（**図4.11**）。海水が水平発散するので、台風中心付近では深層から海水が湧きあがる湧昇流が生じます。つまり、台風がエクマン境界層を通して深層の冷たい海水を汲み上げる役割を果たしているのです。湧昇流によって海面水温が低下するので、台風の発達を抑制するフィードバックが働くことを示した研究もあります。

　回転流体内で形成されるエクマン境界層は大気と海洋に共通したものであり、コリオリ力抜きでは語れません。大気と海洋が接しているところでは、両者の境界層が形成されています。これらの境界層の発達は様々な大気海洋現象に大きな役割を果たしています。その役割については、第8章で改めて学びましょう。

Introduction to **Meteorology**

第1部 | 気象学を支える科学原理

# 第5章 ☁ 大気の熱力学

　私たちは常識として、上空ほど気圧も気温も低いことを知っています。気圧や気温の高度分布は、一体どのように決まっているのでしょうか。簡単な熱力学からはじめて、そのしくみを理解していきましょう。また本章では、気象学で重要な概念の1つである「温位」についても解説します。

## 5.1 状態方程式

　数値予報モデルを用いて未来の天気を予測するためには、温度や気圧、風速などの気象要素の時間変化を、運動方程式、熱力学の式、連続の式などの支配方程式に基づいて計算していく必要があります。その支配方程式には、状態方程式と呼ばれる式も含まれます。大気の運動や状態を理解し、そして予測するためには、状態方程式は必要不可欠です（**図5.1**）。そこでまず状態方程式の説明から始めたいと思います。

　単位質量の理想気体の温度、圧力、体積の三者の関係は

$$p = \rho RT \quad または \quad p\alpha = RT \tag{5.1}$$

という式で与えられ、この式が**状態方程式**と呼ばれています。ここで、$p$は圧力、$T$は温度、$\rho$は気体の密度、$\alpha\left(=\dfrac{1}{\rho}\right)$は比容、$R$は気体定数です。比容は単位質量の気体の体積なので、上の式を$p\alpha/T = R$（定数）と表すと、高校物理で習った**ボイル・シャルルの法則**（$pV/T = $一定）と同じ形をしていることがわかります。つまり、状態方程式はボイル・シャルルの法則を説明するものなのです。

　気体定数については、補足説明をしておきましょう。どんな気体であ

068

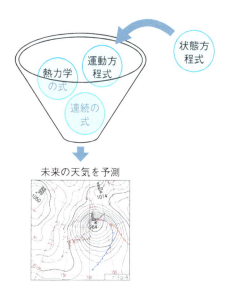

**図5.1 状態方程式の重要性**

気体の状態(温度、圧力、体積の三者の関係)を表す「状態方程式」が欠けると、未来の天気を予測するのは不可能になってしまう。

れ、同じ圧力、同じ温度のもとでは、同じ体積中に同じ数の分子を含むという**アボガドロの法則**が知られています。具体的には、標準状態(0°C、1気圧)で体積22.415 m³の気体中に6.022×10²⁶個の気体分子(=1キロモル)が含まれます。これらの値をボイル・シャルルの法則の式に代入すると、普遍気体定数$R^*$ (universal gas constant) が求められ、$R^* = 8314.47\,\mathrm{J/(K \cdot kmol)}$となります。式(5.1)の気体定数$R$はそれぞれの気体に特有の定数で、$R$と$R^*$の間には

$$R^* = mR \tag{5.2}$$

の関係があります($m$は各気体の分子量です)。したがって、気体の分子量さえわかれば、その気体定数$R$を求められるのです。

気象を考えるうえでは、乾燥大気(大気から水蒸気を除いたもの)の気体定数が必要です。乾燥大気の大部分は窒素、酸素、アルゴンで占め

られていますから、各気体の分子量と占有割合がわかれば、平均分子量が求まります。その値を式（5.2）に代入すれば、乾燥大気の気体定数を導くことができます。乾燥大気の状態方程式は大変重要で、あとで取り上げる静水圧平衡や温位など、多くの概念と密接に関わっています。

## 5.2 静水圧平衡

前章において、単位体積の完全流体に関する水平2次元の運動方程式を示しました。ここでは、同様に鉛直成分の運動方程式についても考えてみましょう。鉛直流$w$（鉛直上向きを正）に影響を与える力は主に重力と気圧傾度力なので、その方程式は

$$\frac{dw}{dt} = -g - \frac{1}{\rho}\frac{\partial p}{\partial z} \tag{5.3}$$

で表せます。ここで$g$は重力加速度です。右辺第1項は重力、第2項は鉛直方向（$z$方向、上向きを正とします）の気圧傾度力です。負の気圧勾配（上空ほど気圧が低い）のために上昇流が加速されるので、マイナスをつけています。

ここで、鉛直流について加速も減速もしない定常流を仮定すると、式（5.3）の左辺は0になるので、

$$g = -\frac{1}{\rho}\frac{\partial p}{\partial z} \tag{5.4}$$

となります。この式が表すのは、重力と鉛直上向きの気圧傾度力が完全にバランスしている状態です（**図5.2**）。この平衡状態は**静水圧平衡**または**静力学平衡**と呼ばれています。実際の大気では、鉛直流の加速や減速が無視できないシビアストームなどの激しい大気現象を除くと、静水圧平衡で良い近似ができます。

状態方程式$p = \rho RT$を用いて、式（5.4）の$\rho$を消去して整理すると、

$$\partial z = -\frac{RT}{g}\frac{\partial p}{p} = -\frac{RT}{g}\partial(\ln p) \tag{5.5}$$

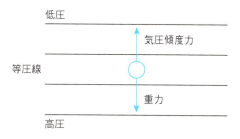

**図5.2 静水圧(静力学)平衡の概念**
空気塊に働く鉛直下向きの重力と上向きの気圧傾度力が釣り合っている平衡状態をいう。

という形になります。両辺を任意の範囲（高度は$z_1$から$z_2$、圧力は$p_1$から$p_2$）で積分すると、

$$\Delta z = \int_{z_1}^{z_2} dz = -\frac{R}{g}\int_{p_1}^{p_2} T d(\ln p) \tag{5.6}$$

となりました。ここで、$\Delta z$は気圧$p_1$と$p_2$の間に挟まれた気層の厚さ（$=z_2-z_1$）を表し、これを**層厚**（thickness）と呼びます。この式から、層厚は気層の平均温度$T$に比例することがわかります。

また、地表（$z=0$）の気圧を$p_0$、任意の高度$z$の気圧を$p(z)$とおくと、式(5.6)は指数関数を用い

$$p(z) = p_0 \exp\left(-\frac{gz}{RT}\right) \tag{5.7}$$

のように書き換えられ、この式は**測高公式**と呼ばれます。測高公式を使うと、標準大気において気温の高度分布が与えられれば、気圧の値からその高度を容易に知ることができます（**表5.1**）。

登山の際には高度計が重宝しますが、実は高度計の中身は気圧計です。山麓の登山口で$p_0$を入力すると、標準大気を仮定した測高公式を使って、気圧の変化にともなって高度が求まるという仕組みです。したがって、天候急変などで$p_0$や$T$が大きく変化すると、高度計には大きな誤差が生じてしまいます。

地球の重力のため、大気の密度は下層ほど大きく（上層ほど小さく）

表5.1 標準大気の高度と気圧・気温の関係

| 高度（km） | 気圧（hPa） | 気温（K） |
|---|---|---|
| 0 | 1013.25 | 288.15 |
| 1 | 898.76 | 281.65 |
| 2 | 795.01 | 275.15 |
| 3 | 701.21 | 268.66 |
| 4 | 616.60 | 262.17 |
| 5 | 540.48 | 256.68 |
| 6 | 472.17 | 249.19 |
| 7 | 411.05 | 242.70 |
| 8 | 356.51 | 236.22 |
| 9 | 308.00 | 229.73 |
| 10 | 264.99 | 223.25 |

なっています。このような状態を**密度成層**といい、上空ほど気圧が下がっていくので、気圧傾度力は鉛直上向きに働きます。この上向きの気圧傾度力と下向きの重力がバランスしている状態が静水圧平衡ですから、気圧の高度分布は重力によって決まっていることになります。

　大気と海洋は地球の自転と重力によって制約を受けているので、回転流体と密度成層流体の特徴を併せ持ちます。結果として、非常に複雑な流れが生じるのです。そのため気象予報が難しいのですが、見方を変えれば、様々な興味深い大気現象や海洋現象が生じているともいえるでしょう。

## 5.3 温位の概念

　通常、上空の気温は地表付近と比べて低いことを、私たちは経験的に知っています。高い山に登ってみれば、そのことを実感できます。それでは、上空の空気塊を地表付近まで強制的に下降させると、その空気塊の温度は低いままでしょうか。それとも温度は変化するでしょうか。こ

の問題は、後の節で説明する大気の安定・不安定を理解するために、とても重要です。その理解の手助けとして「温位」という概念を紹介します。

## 1 空気塊の熱力学第一法則

上の問いに答えるために、まず空気塊の熱エネルギーの保存則（熱力学第一法則）から考えていきましょう。外から空気塊に熱量$dQ$が与えられると、空気塊の内部エネルギーは増加し（$dU$）、空気塊は膨張（$pd\alpha$）します（仕事をする）。このときのエネルギー保存則の式は

$$dQ = dU + pd\alpha \tag{5.8}$$

となります（図5.3）。ここで$p$は空気塊に働く圧力、$\alpha$は比容です。内部エネルギー$U$は温度$T$の関数なので、定積比熱$C_V$を用いると、$dU = C_V dT$で表されます（ここで$dT$は温度変化です）。状態方程式$p\alpha = RT$の両辺を微分すると$pd\alpha + \alpha dp = RdT$となり、これを式(5.8)に代入すると、

$$dQ = (C_V + R)dT - \alpha dp \tag{5.9}$$

が得られます。定圧変化を考えると$dp = 0$なので、

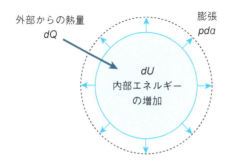

図5.3 空気塊の熱エネルギーの保存則（熱力学第一法則）

$$dQ/dT = C_V + R \equiv C_P$$

と定義します。$C_P$はいわゆる定圧比熱です。

次に、空気塊と外部との間で熱のやりとりがない場合、つまり断熱変化を考えてみましょう。$dQ=0$なので、エネルギー保存則は

$$C_P dT - \alpha dp = 0 \tag{5.10}$$

となります。また、状態方程式$p\alpha = RT$を使って$\alpha$を消去すると

$$\frac{dT}{T} = \frac{R}{C_P} \frac{dp}{p} \tag{5.11}$$

が得られます。これを地表付近の$p_0$から任意の高度の気圧$p$まで積分すると、

$$\ln \frac{T}{T_0} = \frac{R}{C_P} \ln \frac{p}{p_0} \tag{5.12}$$

となります。ここで$T_0 = \theta$とおいて、$\theta$を求める式に書き換えると、

$$\theta = T\left(\frac{p_0}{p}\right)^{R/C_P} \tag{5.13}$$

が得られます。

## 2 温位とは何か

式 (5.13) の$\theta$が何を意味するのか、改めて考えてみましょう。まず、上空の任意の気圧$p$の高さにある温度$T$の空気塊を想定します。もし外部との熱の出入りがない状態（断熱変化）で、その空気塊を地表付近の$p_0$（$=1000\,\mathrm{hPa}$）のところまで下降させたとすると、空気塊の温度は$T$から$\theta$へと変化します。上空の空気塊を地表付近へ下降させると、高い気圧のために空気塊は圧縮され、内部エネルギーが増加、つまり昇温するのです。この$\theta$を**温位**（potential temperature）と呼びます。

断熱変化を仮定すれば、ある空気塊の高度をどれだけ変位させても、その温位は変化しません（**図5.4**）。空気塊を元の気圧面の高度からさらに上昇させると断熱膨張により温度は低下しますが、再びその空気塊

**図5.4 空気塊の温度と温位の違い**

高さ1kmにある空気塊の温度が20℃の時、地上（1000 hPa）まで空気塊を下降させると30℃になったり、反対に上昇させると温度は低下する。しかし、空気塊の温位は熱の出入りがない限り、どの高さに移動しても一定である。

を1000 hPaまで下降させると、温度はやはり$\theta$になります。図中では理解しやすいように温位の単位を℃にしていますが、通常、温位の単位は絶対温度K（ケルビン）を用います。このように、温位は断熱過程において保存量（時間的に変化しない物理量）として扱えるため、大気の運動のしくみを理解する上でとても重要な概念です。

### 3 フェーン ── 温位の例

温位についての理解を深めるために、例としてフェーンを考えてみましょう。フェーンは、「山を挟んで風上側で降水が生じて、その結果、乾燥した空気が風下側に吹きおりて、風下の気温が上昇する現象」です。また、山岳風上側での降水がなくてもフェーンが発生することがあります。両者を区別するために、前者をウエットフェーン、後者をドライフェーンと呼ぶ場合があります。ここでは、ドライフェーンを考えます。

たとえば、風下側山麓（気圧は1000 hPa）の気温を30℃とします。標高の高い山頂付近にある空気の温度は山麓の30℃より相当低いはずですが、温位が仮に30℃だったとしましょう。下降流によって、この

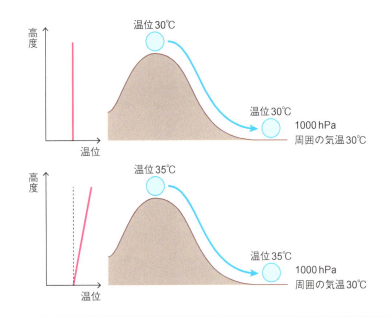

#### 図5.5 温位の高度分布とフェーンの関係

もし温位が高度によらず一定ならば、山頂付近の空気が風下側山麓に吹き降りてきても周囲の気温と変わらないのでフェーンとは呼ばない。一方、山頂付近の温位が山麓よりも高いと、空気が吹き降りてきた時に周囲の気温より高くなるので、いわゆるフェーンとなる。

　山頂付近の空気が強制的に山麓（1000 hPa）まで移動させられるとどうなるでしょうか。断熱昇温により空気の温度は上昇しますが、温位の定義から、山麓に到達した空気の温度は周囲と全く同じ30℃になるはずです。いくら強風が吹いても山麓の気温は以前と変わらないわけですから、フェーンとはいえません。

　ところが、山頂付近の空気の温位がもし35℃だとすると、山麓（1000 hPa）では温度が35℃の強風が吹くことになるので、吹く前は30℃だった山麓の気温が5℃上昇することになります。この昇温現象がまさにフェーンです。つまり、フェーンが発生するためには、山頂付近の空気の温位が山麓の気温よりも十分高くなっている必要があります。上空に温位の高い空気があることが、フェーン発生の必要条件の1つです（図5.5）。

## 5.4 乾燥断熱減率と湿潤断熱減率

一般に上空へ行くほど気温が下がっていきますが、その割合（単位は K/km）を**気温減率**といいます。気温減率の値は、大気がどの程度水蒸気を含むかによって変化します。本節では、水蒸気をまったく含まない仮想的な大気と、水蒸気を含む実際の大気について、気温減率を計算してみましょう。

### 1 乾燥断熱減率の計算

もし大気が全く水蒸気を含まなければ、つまり乾燥大気を考える場合、気温減率は簡単に求まります。再びエネルギー保存則の登場です。

前出の式 $dQ = C_p dT - \alpha dp$ を用います。式 (5.4) の静水圧平衡の式は偏微分の形で表しましたが、気圧 $p$ が高度 $z$ のみの関数であるとすると、全微分の形 $dp = -\rho g dz$ になります。これをエネルギー保存則を用いて書き換えると、

$$dQ = C_p dT + g dz \tag{5.14}$$

が得られます。断熱変化（$dQ = 0$）を仮定すると、

$$-\frac{dT}{dz} = \frac{g}{C_P} \equiv \Gamma_d \tag{5.15}$$

となります。式 (5.15) の左辺は高度 $z$ 方向の気温低下率、すなわち気温減率を表しており、$\Gamma_d$ を**乾燥断熱減率**（dry adiabatic lapse rate）と呼びます。重力加速度（$g = 9.8\,\text{m/s}^2$）と乾燥大気の定圧比熱（$C_p = 1006\,\text{J/(kg·K)}$）を与えると $\Gamma_d = 9.8\,\text{K/km}$ となり、これはすなわち、1 km 上昇するごとに気温は約 10 K 低下するということです。

$g$ と $C_P$ だけで気温減率が決まってしまうなんて驚きですね。このシンプルさはひとえに、大気が静水圧平衡で良い近似ができることによります。

## 2 湿潤断熱減率の値

「高度が1km上がると気温が約10K低下する」というと、登山愛好家は首をかしげるかもしれません。実際、高度に伴う気温変化はそこまで大きくありません。上で求めた$\Gamma_d$はあくまでも乾燥大気の気温減率であり、水蒸気の効果が加味されていません。実際の大気では対流圏下層に豊富な水蒸気が存在するので、水蒸気の凝結の効果が無視できないのです。

水蒸気で飽和に達している空気塊を断熱的に上昇させる場合を考えてみましょう。気圧低下により空気塊は膨張するので、温度が低下します（断熱冷却）。すると、温度の関数である飽和水蒸気圧も下がるので、余分な水蒸気は凝結します。その凝結熱（潜熱）は空気塊を加熱するので、空気塊の温度低下（気温減率）を緩和するのです。水蒸気で飽和している空気の気温減率を**湿潤断熱減率**$\Gamma_m$（moist adiabatic lapse rate）といいます。一般に、水蒸気の多い対流圏下層（高度の目安は1～2km）では$\Gamma_m$は4K/km程度と小さく、中層（高度5～6km）では6～7K/km程度、水蒸気の少ない対流圏上層（高度10km以上）では乾燥断熱減率$\Gamma_d$とほぼ等しい値になります（**図5.6**）。

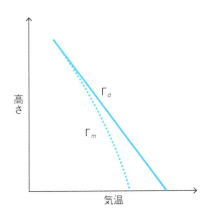

図5.6 乾燥断熱減率（$\Gamma_d$）と湿潤断熱減率（$\Gamma_m$）

## 3 相当温位

温位についても、潜熱加熱の影響を考慮して修正した、**相当温位**
(equivalent potential temperature) という概念があります。式の導出
は省略しますが、相当温位 $\theta_e$ は

$$\theta_e = \theta \exp\left(\frac{Lw_S}{C_P T}\right)$$

という式で定義されます。ここで $L$ は凝結の潜熱、$C_P$ は空気の定圧比熱、
$T$ は未飽和空気塊を断熱上昇させて飽和に達したときの温度、$w_S$ は飽
和混合比（飽和時の水蒸気量）です。もし $w_S = 0$（水蒸気が全くない）
ならば、$\theta_e = \theta$ になり、温位と等しくなります。つまり、相当温位とは、
空気塊に含まれる水蒸気が全て凝結した場合の空気塊の加熱を加味した
温位なのです。湿潤断熱過程においては、相当温位は保存量となります。

## 5.5 大気の静的安定・不安定

観測される実際の気温の高度分布は地域で異なり、同じ地点でも日中
と夜間では気温分布が変化します。気温分布の変化は空気の密度変化を
もたらします。それに対応して、空気が上昇したり下降したりします。
ある条件変化が起きたときに空気が上昇するか下降するか、を予測する
ことはできるでしょうか？　そこで、空気の上昇・下降運動のしやすさ、
しにくさを判断する物差しとして、仮想的に空気塊を上下に変位させた
ときにどのような挙動を示すのか調べる方法があります。

### 1 大気の静的安定度

空気塊を上方に変位させた結果、断熱膨張により空気塊の温度が低下
した後のことを考えてみましょう。その後の空気塊の挙動は3通りあり
ます。つまり、元の位置に戻ろうとする場合、さらに上方に変位する場
合、その位置に留まる場合です。この空気塊の挙動を表すために、**静的
安定度**という用語が使われています。元に戻る場合、その大気は「静的

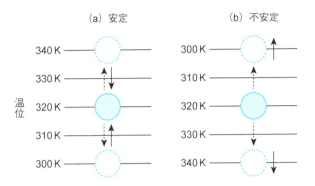

**図5.7 温位の高度分布と空気塊の安定・不安定**

(a) 上空ほど温位が高い（$d\theta/dz>0$）と、仮に温位が320Kの空気塊を上昇させても温位は変わらず、周りの温位より低くなるので、元の高さに戻ろうとする。空気塊を下降させると反対に周りの温位より高くなるのでやはり元の高さに戻ろうとする。

(b) 上空ほど温位が低い（$d\theta/dz<0$）と、上昇させると周りの温位より空気塊の温位は高いので、さらに上昇しようとする。下降させるとさらに空気塊は下降しようとする。

に安定」、さらに変位する場合は「静的に不安定」、留まる場合は「中立」であるといいます。挙動の違いを決めるのは、空気塊の温度と周囲の空気の温度との大小関係（低い／高い／等しい）です。

前節で説明した温位の概念を用いると、大気の静的安定性をもっと簡単に定義できます。仮想的な空気塊を上下に変位させても、断熱過程で保存量である温位は変化しません。**図5.7a**に示されているように、大気の温位が上空ほど高い（$d\theta/dz>0$）場合を考えましょう。このとき、空気塊を上方（下方）に変位させても、その温位は周囲の空気の温位より低い（高い）ので元の位置に戻ろうとします。つまり、$d\theta/dz>0$の大気は静的に安定です。同様に考えると、**図5.7b**に示されている、$d\theta/dz<0$の大気は不安定、そして、$d\theta/dz=0$の大気は中立であることがわかると思います。

一方、空気塊が飽和している場合は、相当温位$\theta_e$の鉛直勾配で湿潤大気の安定度を考えます。もし空気塊が飽和していれば、$\theta_e$の鉛直プロファイルが$d\theta_e/dz<0$である大気は不安定です。しかし、もし空気塊が飽和していなければ、$d\theta/dz>0$である大気は当然ながら安定です。相

当温位勾配と温位勾配が逆の傾向を示す場合には、空気塊が飽和か未飽和かで安定／不安定が逆転するので、このような状態を「**条件付不安定** (conditionally unstable)」の大気といいます。一般的に、熱帯では下層の大気が条件付不安定になっている場合が多いです。

### 2 状態曲線と大気の安定度

夏季の山岳の稜線で、早朝から快晴にもかかわらず湿度がとても高く感じられる日があります。そのような日は、午前中に山麓斜面で雲が発生していると思ったら、正午頃には急に雷雨に襲われる場合があります。なぜそのような現象が生じるのでしょうか。**図5.8**を見ながら、日中に山麓付近の空気塊が谷風によって強制的に上昇させられる状況での、大気の安定・不安定を考えてみましょう。

図に描かれている、観測された気温の高度分布を**状態曲線**と呼びます。

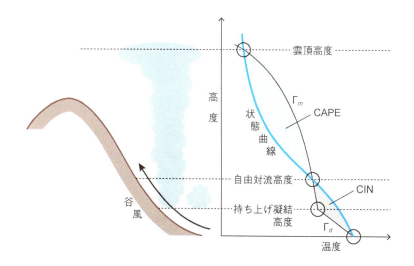

**図5.8** 谷風によって持ち上げられる空気塊と状態曲線の関係

日中に山麓斜面では谷風が発達し、地上付近の空気塊が持ち上げられる。持ち上げられる際は乾燥断熱線（$\Gamma_d$）に沿って上昇する。凝結高度に達すると、空気塊は飽和し、今度は湿潤断熱線（$\Gamma_m$）に沿って上昇し、状態曲線と交差する。これが自由対流高度で、この高度を越えると周囲より温度が高くなるので自由に上昇していくことができる。再び状態曲線と交差する点で空気塊の上昇は止まる。この高度が雲頂高度にほぼ対応する。

状態曲線の傾きはふつう乾燥断熱減率と湿潤断熱減率の間にあります。水蒸気が含まれていたとしても凝結しなければ空気塊を加熱しないので、凝結するまでは、空気塊の温度は乾燥断熱減率で（$\Gamma_d$の線に沿って）低下していきます。凝結し始める高度を**持ち上げ凝結高度**といいます。凝結が始まると、今度は湿潤断熱減率で（$\Gamma_m$の線に沿って）温度が低下していくことになります。$\Gamma_m$の線が状態曲線と交わる（この交点の高度を**自由対流高度**と呼びます）までは、空気塊の温度は周囲の空気の温度より低いので、大気は静的に安定な状態です。その間凝結で雲が発生しますが、大気が安定であるためなかなか発達できません。午前中の山麓斜面で雲が発生するのはそういうわけです。

　ところが、さらに谷風が発達して、空気塊が自由対流高度を突破すると、周囲の空気の温度より空気塊の温度が高くなる（大気は不安定）ので、空気塊は浮力でどんどん上昇していきます。つまり、積乱雲が急速に発達していきます。積乱雲は、$\Gamma_m$の線が再び状態曲線と交わる（交点が雲頂高度に対応）まで発達することができます。このようなしくみで、ちょうど正午ごろから午後にかけて雷雨が発生するのです。

### 3 大気の安定度の指標

　図中で、自由対流高度より上の$\Gamma_m$の線と状態曲線に挟まれた領域の面積を**対流有効位置エネルギー**（Convective Available Potential Energy：CAPE）と呼びます。これは大気の潜在不安定を判定する指数の1つです。領域の横幅は$\Gamma_m$の線と状態曲線との間の距離なので、横幅が大きいほど空気塊は強い浮力を受け上昇していきます。つまり、CAPEの面積は、空気塊の運動エネルギーに変換される位置エネルギーの大きさを意味するのです。

　一方、自由対流高度までの$\Gamma_m$の線、$\Gamma_d$の線と状態曲線の3つの曲線に囲まれた領域の面積は**対流抑制**（Convective Inhibition：CIN）と呼ばれ、CAPEとは性質の異なる指標として利用されています。CAPEとは反対に、CINの面積が大きいほど空気塊に強い復元力が働き、対流が起こりにくくなるのです。対流の起こりにくさの指標であることから、

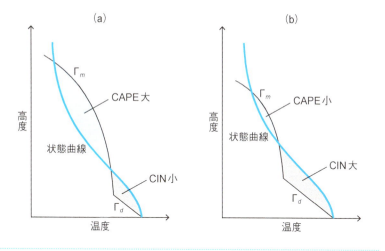

**図5.9** | **水蒸気量によって大きく変わるCAPEとCIN**
同じ状態曲線でも(a)水蒸気を多く含む空気塊と(b)水蒸気が少ない空気塊では、CAPEとCINの面積が大きく変わる。

「負のCAPE」とも呼ばれています。

ここで、水蒸気量の違いがCAPEやCINに与える影響を考えてみましょう。水蒸気を多く含む空気塊では、持ち上げ凝結高度も自由対流高度も低くなり、結果的にCINの値が小さくなります。一方、自由対流高度が低くなるので、その高度から雲頂高度までの距離も長くなり、CAPEの値が大きくなります。CINが小さくなりCAPEが大きくなるので、大気は非常に不安定な状態になります（**図5.9a**）。対照的に、水蒸気が少ない空気塊では、CINが大きくなりCAPEが小さくなるので、大気は安定な状態になります（**図5.9b**）。

このように、状態曲線が全く同じでも、水蒸気量の違いによって大気の安定度が大きく変化するのです。CAPEやCINなどの大気の静的安定度の指標は、雷雨や竜巻などのシビアストームの発生環境場を調べる際によく使われています。

## 4 気層の安定度——空気塊とは異なる見方

これまでは、仮想的な空気塊の上下の変位に伴う大気の安定度の変化

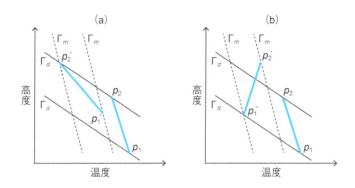

**図5.10　対流不安定の概念**

状態曲線（$p_1-p_2$）の気層が持ち上げられた時に、(a) 気層の下端部が先に凝結すると、状態曲線（$p_1'-p_2'$）の傾きが大きくなり、気層は不安定になる。一方、(b) 気層の上端部が先に凝結すると、状態曲線（$p_1'-p_2'$）は逆に傾き、気層は安定になる。

を考えてきました。しかし、たとえば谷風によって空気が強制的に上昇する場合、厚さを持った気層全体が持ち上げられるのがふつうです。そこで、気層の変位から大気の安定度を評価する考え方があります。

　気層が持ち上げられる場合、その中のどこから凝結が始まるかが重要です。持ち上げられた気層の下端部 $p_1$ が先に凝結すると、**図5.10a** に示すように、その潜熱による加熱分だけ気温鉛直勾配（$p_1'-p_2'$ 線の傾き）が大きくなるので、気層が不安定になります。逆に気層の上端部 $p_2$ が先に凝結すると、**図5.10b** のように、その加熱分だけ気温鉛直勾配が小さくなるので、気層が安定する方向へ移ります。そこで、気層の中の相当温位 $\theta_e$ の鉛直勾配 $d\theta_e/dz$ を用いれば、$d\theta_e/dz<0$ が成り立つとき、「**対流不安定**」の状態にあるといいます。

　以上の考え方を応用すると、梅雨期に見られる局地的豪雨のしくみが理解しやすくなります。梅雨期の大気下層では、水蒸気の流入により相当温位が非常に高くなっています。そのとき、上空に相当温位の低い空気（乾燥空気）が流入してくると、急に対流不安定が強まります。そこに、前線や地形の影響などで気層を持ち上げる上昇流の強制があると、一気に不安定を解消するような活発な積乱雲が発生し、局地的豪雨が降るのです。

Introduction to **Meteorology**

第**II**部｜大気の現象論

## 第**6**章　中小規模の気象現象

　気象現象はその大きさによって分類されています。水平スケールが20〜2000kmの現象は「メソスケール」に分類されます。メソスケールの現象というと、たとえば台風や集中豪雨、積乱雲などです。ちなみに、メソスケールより一段大きなスケールは総観スケール、一段小さいスケールはマイクロスケールと呼ばれています。表6.1にこれらのスケールと対応する主な気象現象を示しました。ここでは、さまざまなメソスケール現象や温帯低気圧などを見てみます。

表**6.1**｜**大気現象のスケール分類**

| スケール | | 大きさ | 主な現象 |
|---|---|---|---|
| マクロ | 惑星規模 | >10000km | エルニーニョ、地球温暖化 |
| | 総観規模 | 2000〜10000km | モンスーン、温帯低気圧 |
| メソ | メソα | 200〜2000km | 台風 |
| | メソβ | 20〜200km | 集中豪雨、海陸風 |
| | メソγ | 2〜20km | 積乱雲、海陸風、山谷風 |
| マイクロ | マイクロα | 0.2〜2km | 竜巻 |
| | マイクロβ | 20〜200m | 乱流、ビル風 |
| | マイクロγ | 2〜20m | 乱流 |

## 6.1　梅雨前線

　毎年初夏になると決まってやって来る雨の季節、梅雨。梅雨が嫌いな読者も多いことでしょう。単に雨が煩わしいだけならまだしも、梅雨の時期の大雨で災害も度々発生するので困りものです。梅雨そのものについては、第7章で取り上げます。ここでは、梅雨期に発生する大雨を取り上げます。

085

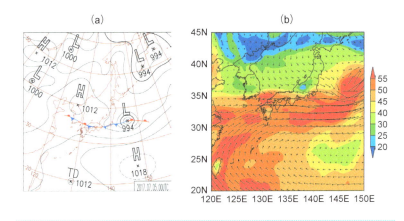

図6.1 (a) 2017年7月5日午前9時の天気図　出典：気象庁
(b) 2017年7月5日午前9時の水蒸気量（陰影, 単位はkg/m²）とその流れ（矢印）

## 1　梅雨末期の大雨

　梅雨は1年でも雨の多いシーズンですが、特に梅雨末期には大雨が過去何度も発生しています。平成29年7月の福岡〜大分の豪雨（「平成29年7月九州北部豪雨」と命名されています）は記憶に新しいと思います。なぜ、梅雨末期になると大雨が降りやすいのでしょうか？　この節ではその理由を見てみます。**図6.1**は2017年7月5日午前9時の天気図と水蒸気の流れです。関東の東海上には低気圧があって、この低気圧から前線が西へ延びて朝鮮半島南部にまで達しています。これが梅雨前線です。水蒸気の分布を見ると、梅雨前線の北側では水蒸気量が少なく、南側で多くなっています。一般に、梅雨前線は水蒸気量の多い湿った領域と、少ない乾いた領域の境目にできます。そして、太平洋高気圧の西側を回り込むように水蒸気が南から梅雨前線に向かって流れ込んでいることがわかります。このような水蒸気の流れは梅雨末期にしばしば現れます。そして、梅雨前線付近では常に水蒸気が補給されているため、大気が不安定で大雨が降りやすい状態にあります。

## 2　大雨をもたらす線状降水帯

　平成29年7月九州北部豪雨や平成26年8月に広島で起きた豪雨（「平

成26年8月豪雨」と命名されています）に関する報道で、**線状降水帯**という言葉を耳にするようになりました。線状降水帯は直線状に並んだ積乱雲群のことです。

　線状降水帯は大雨を何時間も持続させる気象現象で、しばしば大きな災害を引き起こします。どちらの豪雨も1時間降水量は数10mm〜100mm程度で、これはしばしば観測される大雨です。この大雨が短時間で終われば大きな災害は起きなかったかも知れません。しかし、実際には数時間も大雨が続き、平成29年7月九州北部豪雨では24時間降水量は500mmに達しました。この大雨をもたらす線状降水帯の模式図を**図6.2**に示します。図で、下層では上層より強い風が吹いています。このような状況下では、発達した積乱雲は下層の風に流されて左方向へ移動していきますが、雨は進行方向の後ろ側に降ります。この雨粒の一部は地上に落ちる前に蒸発し、これにより地表面付近は冷たくて重い気塊が形成されています。地表面付近を右側から吹き付ける空気はその冷たい気塊に乗り上げて上昇し、発達した積乱雲の後ろ側に新しい積乱雲が

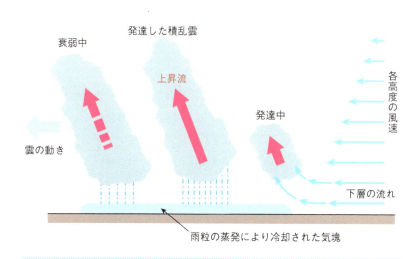

図**6.2**｜**線状降水帯の模式図**

積乱雲の下の地表面付近には雨粒の蒸発により冷却された重い気塊があり、地表面付近の大気の流れはこの気塊に乗り上げて上昇流を作り、新しい積乱雲を作る。新しい積乱雲は風下へ移動しながら発達する。地表面付近の流れは積乱雲内の上昇流により大気中層まで持ち上げられて、積乱雲を風下側へ傾かせる。

発生・発達します。個々の積乱雲の寿命は数十分程度ですが、次々と発生する積乱雲の発生位置とその移動速度の状況によっては、同じ場所で何時間も大雨が持続することになります。

## 6.2 温帯低気圧

　周りより気圧が低い部分を低気圧と呼びます。この低気圧には**温帯低気圧**と**熱帯低気圧**の2種類があります。それぞれ温帯と熱帯で発生するのでこう呼ばれているのですが、実は構造や発達のメカニズムも大きく異なります。本節では、温帯低気圧を見てみましょう。

　温帯低気圧は冷たい空気（寒気）と暖かい空気（暖気）の境目で発生します。温帯低気圧が寒気と暖気の境目に発生する理由を気象学の観点から解明したのは、ノルウェーの気象学者ビヤークネス（Vilhelm Bjerknes, 1862〜1951）で、1920年頃のことです。以下で、北半球で温帯低気圧が発生するメカニズムを説明します（南半球でも基本的には同様のメカニズムで発生し、違いは南北が逆になることだけです）。

### 1 温暖前線と寒冷前線

　温帯地方では偏西風が吹いているため、大気は西から東へ移動しています。南側に暖気、北側に寒気があり、ともに東へ移動している状況を考えましょう。ただし、南側の暖気は軽いので、北側の重い寒気の上を這い上がりながら東へ移動していきます。この暖気と寒気の境目を**温暖前線**といいます。温暖前線は温帯低気圧の東側にできます。また、暖気の西側にも寒気があり、その境目が**寒冷前線**です（**図6.3**）。寒冷前線付近では、寒気が暖気の下にもぐりこんでいきます。温帯低気圧は温暖前線と寒冷前線が接する場所に発生します。

　軽い空気が重い空気の上に這い上がり、また重い空気が軽い空気の下にもぐり込むと、位置エネルギーが解放されることになります。この位置エネルギーの解放が温帯低気圧発達のエネルギー源です。位置エネル

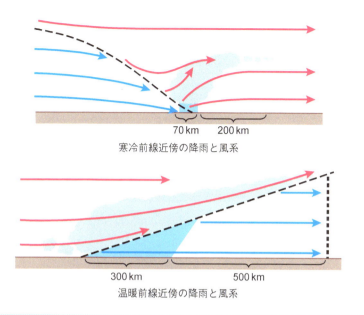

寒冷前線近傍の降雨と風系

温暖前線近傍の降雨と風系

| 図6.3 | 温暖前線と寒冷前線

出典：岸保（1982）

ギーが解放されやすい大気状態を**傾圧不安定**といいます。傾圧不安定については、7章で詳しく解説します。解放された位置エネルギーは運動エネルギーへと変わって、風が強くなります。同時に、温帯低気圧の中心部では気圧も下がっていきます。

　温暖前線も寒冷前線も偏西風に乗って東へと進んでいきますが、通常、寒冷前線のほうが速く動いています。西側の寒冷前線が東側の温暖前線に追いつくにしたがって、温帯低気圧は発達していきます。

　寒冷前線が温暖前線に完全に追いついてしまうと、地表付近は重い寒気だけになってしまい、その上に軽い暖気が乗った形になります。こうなると、それ以上は位置エネルギーを解放できないので、安定します。したがって、温帯低気圧はこれ以上発達しません。

　寒冷前線が温暖前線に追いつくことを「閉塞」といい、閉塞した（それ以上発達できない）温帯低気圧を特別に**閉塞低気圧**と呼びます。天気

図上では、閉塞低気圧につながる寒冷前線と温暖前線は合体してしまって、閉塞前線として描かれています。したがって、天気図上で低気圧中心から閉塞前線が延びている場合には、それを閉塞低気圧と見なせます。

## 2 温帯低気圧が発生しやすい場所

　地域による温帯低気圧の発生しやすさについて考えてみましょう。温帯低気圧はその名のとおり、世界中の温帯で発生します。一口に温帯といっても緯度による気温差があり、つまり常に暖気と寒気が隣り合っているからです。北半球でも南半球でも状況は変わりません。

　陸上と海上とでは、温帯低気圧の発達の仕方に違いがあります。陸上では大きく発達することはありません。陸上は大気と地表面との間の摩擦が大きいなど様々な要因により、風が強く吹かないためです。これに対して、海面は摩擦が小さいため、風が強く吹き、位置エネルギーから運動エネルギーへの変換が効率よく進み、温帯低気圧も発達しやすいのです。

　ただ、一口に温帯低気圧といっても、その頻度や強度は各地域でかなり差があります。そこで次節では、災害をもたらすほど大きく発達する温帯低気圧について見てみましょう。

## 3 災害をもたらす爆弾低気圧

　温帯低気圧の中には、急速に発達して大きな災害をもたらすものがあります。これを特別に**爆弾低気圧**と呼んでいます。もっとも、気象庁では戦争を連想させるような用語は使わないことになっているので、天気予報に「爆弾低気圧」という名称は登場しません。言い換えるとすれば「急速に発達する低気圧」となります。爆弾低気圧という用語はマスコミなどでもよく使われて定着している言葉なので、本書でもあえて使うことにします。

　爆弾低気圧の強さを表現するのに、「台風並み」ということがあります。実際、爆弾低気圧が発達すると、台風のように中心気圧が大きく低下します。中心気圧が大きく下がるので、強い風が吹きます。また、爆弾低

気圧は温帯低気圧の一種なので、寒気と暖気の境目にあり、その背後には寒気を伴います。したがって、爆弾低気圧が通り過ぎた後には強い寒気がやってきます。その寒気も通常の温帯低気圧より強い場合が多いため、爆弾低気圧はしばしば大雪をもたらします。

　台風は夏から秋にかけて日本にやってきますが、爆弾低気圧が日本付近を通るのは冬から春にかけてです。また、台風による被害を受けるのは主に南西諸島や西日本ですが、爆弾低気圧は主に東北地方や北海道で猛威をふるいます。これは、爆弾低気圧が日本の東海上で急速に発達するからです。2006年11月に北海道佐呂間町で大きな竜巻被害があったのを記憶している読者もおられると思いますが、これも爆弾低気圧が引き金になった災害でした。

　実際に日本付近で爆弾低気圧が発生したときの天気図を見てみましょう。図6.4は、2011年1月15日9時から17日9時までの24時間ごとの天気図です。1月15日9時には南西諸島付近に前線がありますが（図6.4a）、これが爆弾低気圧の種です。この低気圧が発達しながら東へ進み、24時間後には日本の東海上で気圧が984 hPaとなりました（図6.4b）。この時点ですでに台風並みの勢力ですが、その後まだまだ発達しつづけ、さらに24時間後の1月17日9時には、千島列島の東で936 hPaまで気圧が下がりました（図6.4c）。24時間で気圧が48 hPaも下がったことにな

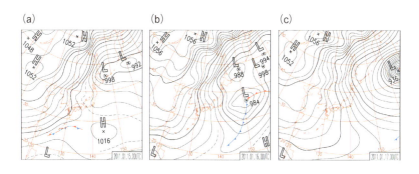

図6.4　爆弾低気圧の例（2011年1月15日〜17日）
出典：気象庁

ります。

**図6.4c**からは、等圧線が縦に込み入った西高東低の冬型の気圧配置が見てとれます。風の強さは気圧のこう配に比例するので、等圧線が込み合っている東北から北海道にかけて、強い風が吹いて嵐になっていることが想像されます。海も大しけだったことでしょう。実際、爆弾低気圧の付近では海難事故が多くなります。天気予報やニュースで、「爆弾低気圧が発達中」あるいは「低気圧が急速に発達しながら東進中」などと言っていたら要注意です。

### 4 爆弾低気圧の発生しやすい地域とその理由

爆弾低気圧が発生する地域は、主に北太平洋西岸付近と北大西洋西岸付近です。北太平洋西岸は日本付近、北大西洋西岸はアメリカ東岸にあたります。なぜこれらの地域で爆弾低気圧が多く発生するのか考えてみましょう。

その理由を簡単にいうと、寒気と暖気の温度差が大きいためです。前節で温帯低気圧は位置エネルギーを解放して発達すると述べましたが、温度差が大きいと解放される位置エネルギーも大きくなり、温帯低気圧が発達しやすくなります。北西太平洋西岸も北大西洋西岸も、西側に大陸がありますが、大陸上の空気は冬季に大きく気温が下がります。一方、東側には暖流（北太平洋西岸は黒潮、北大西洋西岸はメキシコ湾流）の存在により一年中暖かい海があります。そのため、冬季には大陸上の寒気と海洋上の暖気の温度差が大きくなり、爆弾低気圧が発達しやすくなるのです。

## 6.3 台風

ここでは、熱帯低気圧を勉強します。熱帯低気圧は世界各地で発生しますが、各地で異なる呼び名を持っています。日本を含む北西太平洋で発生するものを**台風**と呼んでいます。また、北大西洋で発生するものが

## Column

### シャピロの低気圧モデル

6.2節でビヤークネスの低気圧モデルの説明をしました。ビヤークネスは地上の観測だけから温帯低気圧の構造や発達を洞察したのですが、1980年代になって人工衛星観測や高層の集中観測が行われて温帯低気圧の細かな構造が明らかになるにつれて、ビヤークネスモデルとは異なる低気圧の描像がわかってきました。異なる点というのは、温暖前線上で暖気が寒気の上に乗り上げるだけでなく、低気圧の北から西側へ回り込んでいることがわかったのです（**図6.5**）。さらに、発達した低気圧の中心部は南側の暖域から隔離され孤立した温暖核となっています。閉塞した温帯低気圧はそれ以上は発達しないはずですが、実際には閉塞しているはずの低気圧が発達することがしばしばあります。爆弾低気圧がその良い例です。こうして、ビヤークネスモデルで説明できなかった点がシャピロモデルにより補完されました。

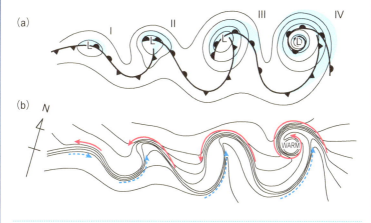

**図6.5 シャピロの低気圧モデル**

Shapiroらによる地表の温帯低気圧・前線系の時間発展を表したモデル。(a)等圧線と前線、陰影部は降水域。(b)等温線と下層ジェット（矢印）。

出典：Shapiro and Keyser (1990)

ハリケーンです。ここでは主に、北西太平洋の台風について触れたいと思います。また、特に断らない限り、世界中で発生する熱帯低気圧を台風と呼ぶことにします。さて、台風は日本各地に大きな被害をもたらすこともしばしばです。その大雨や強風による被害は困りものですね。でも同時に、台風は貴重な水資源を供給する存在でもあり、まったく来ないと日本は水不足になってしまいます。そんな台風は、どこで発生して日本にやってくるのでしょう。

## 1 台風の発生場所と経路

図6.6は、過去30年間の台風の移動経路を図示したものです。北西太平洋で線が一番混み合っていることがわかります。つまり、北西太平洋で台風が最もひんぱんに発生しているわけです。

この図からは、その他にもいろいろと興味深いことがわかります。たとえば、赤道付近を通る台風はありません。第4章で勉強したように赤道上ではコリオリ力がゼロですが、コリオリ力がゼロでは台風は発生できないのです。また、ペルー沖の南東太平洋やブラジル沖の南大西洋にも台風の経路がありません。ペルー沖に台風が発生しない理由は海面水温と関係しています（詳しくは後述）。太平洋や大西洋では、西側には暖流、東側には寒流が流れています。海面水温が低いので、台風が発生しないのです。経験的に、台風が発生するには海面水温が約26℃以上

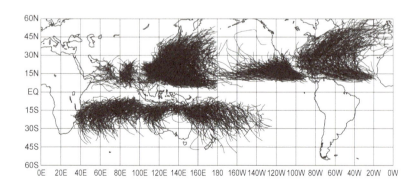

図6.6 世界の台風経路（1979～2009年）

であることが必要だと考えられています。実際、**図2.7**で見たようにペルー沖の南東太平洋には気温が25℃以下の地域が広がっていて海面水温も低いことが容易に想像できます。台風が発生しないはずです。ブラジル沖の大西洋でも海面水温が低いため台風が発生しません。

### 2 台風のエネルギー源

さて、台風の発達のエネルギー源は何でしょうか？ 温帯低気圧のエネルギー源は、寒気と暖気の間の位置エネルギーでした（6.2節参照）。台風のエネルギー源は、雨が降る際の凝結熱（潜熱）です。

台風は「熱帯低気圧」とも呼ばれることがありますが、それは熱帯の海洋上で発生・発達するからです。熱帯地域は気温が高いため、大気が水蒸気を大量に含みます。台風の中心部は気圧が低いため、周りから暖かくて水蒸気を大量に含んだ大気が集まってきます。そして中心部で上昇気流に変わり、雨を降らせるのです（4.5節で説明した摩擦収束のメカニズムです）。雨が降ると、潜熱で大気は暖められて膨張し軽くなります。上空の空気が軽くなるので、さらに上昇流が強まり、雨も強まります。

上で、台風の発生には海面水温が関係していると述べました。これは、台風に供給される燃料（水蒸気）の量が海面水温と密接に関係しているからです。3.2節で述べたように、空気中に含まれる水蒸気量は気温の指数関数になっていて、気温が上昇すると水蒸気量も急激に増加します。逆にいえば、海面水温が下がると水蒸気量が急激に減り、台風の燃料が足りなくなるのです。海面水温における台風発生のしきい値が経験的に26℃くらいなのです。

### 3 台風発達の理論と実際

**図6.7**は、海面水温などから求めた台風の中心気圧の理論的な最大発達限界です。英語ではこの限界を Maximum Potential Intensity と呼びますが、ここでは最低気圧限界と呼ぶことにします。よく見ると、この図は第2章で取り上げた気温の分布（**図2.7**）とよく似ています。海上

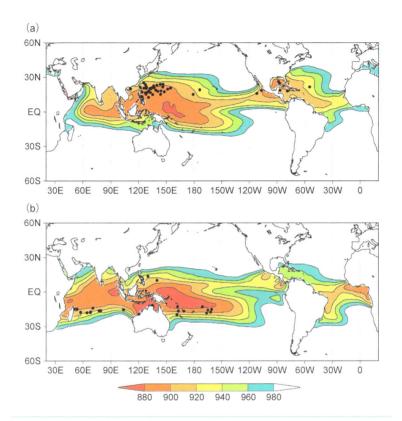

**図6.7　理論的な台風の最低気圧限界**（(a)：7〜9月、(b)：1〜3月）
図中の黒丸は2001〜2015年に中心気圧が920hPa以下にまで発達した台風の位置を示す。

では、海面付近の気温は海面水温とほぼ同じです。つまり、台風の発生・発達が海面水温に大きく影響を受けているのがよくわかります。

　熱帯地方で最低気圧限界が低いのは当然ですが、その熱帯地方でも最低気圧限界は一様ではなく、低いところ高いところとまちまちです。たとえば、インド洋や大西洋に比べて西太平洋でより大きく発達します。特に、西太平洋では900hPa以下にまで発達することがありえます。これは、西太平洋の海面水温が他海域に比べて高いことと関係しています。

　図中の黒丸は、実際に中心気圧が920hPa以下まで発達した台風の位置です。西太平洋では、920hPa以下にまで発達した台風が多数観測さ

れています。ちなみに、これまで最も発達したものは1979年の台風20号で、その中心気圧は870 hPaに達しました。理論的な最低気圧限界とよく合っています。ちなみに、この台風20号は紀伊半島に上陸し、潮岬（和歌山県）で最低気圧969 hPaを観測しています。上陸時には勢力もかなり衰えていたのですが、それでも各地で大きな被害を出しました。

### 4 台風の構造

台風は中心付近で風が強く、雨を大量に降らせますが、中心付近の強い雨が降っている部分は円筒形になっていて**眼の壁雲**と呼ばれています（**図6.8**）。壁雲の内側では雨が降っておらず、風も弱くなっています。これが、いわゆる**台風の眼**です。では、眼の壁雲と台風の眼の中とで、なぜこれほど様子が異なるのでしょうか？

台風中心の周りでは非常に強い風が吹いているため、遠心力により暖かくて湿った空気は台風中心部まで吹き込むことができません。そのため、中心から少し離れた眼の壁雲で雨を降らせることになり、その内側（台風の眼）では雨が降らないわけです。

雨が降るのは眼の壁雲だけではありません。気象レーダーで見ると、台風の雨の強い部分は**図6.9**のように見えます。中心付近の雨が降って

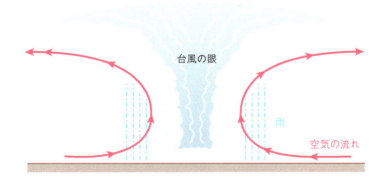

| 図6.8 | 台風の中心付近の構造の模式図

台風の中心（台風の眼）付近では雨は降っておらず、その周りを眼の壁雲と呼ばれる積乱雲の集団が取り巻いている。中心の低圧部に向かって吹き込む湿った空気は眼の壁雲の中を上昇し、強い雨を降らせる。

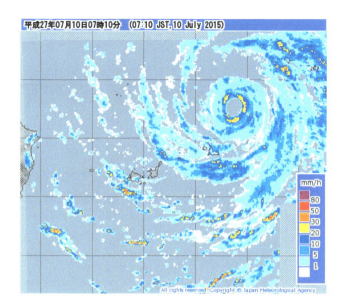

**図6.9** レーダーで見た台風の壁雲とらせん状降水帯
出典：気象庁

いない円形の部分が台風の眼、それを取り巻く強い雨の部分が眼の壁雲です。眼の壁雲の外側には**らせん状降雨帯**と呼ばれる部分があり、ここでも大雨が降ります。らせん状降雨帯は、その名の通り眼の壁雲の周りに渦巻き状に巻き付いています。

　台風が来たときには、テレビのニュースやインターネットの気象サイトなどで、気象レーダーの画像をよく見て、眼の壁雲やらせん状降雨帯がどこにあるか把握しておきましょう。どの地域で大雨が降りそうか、ある程度予測でき、身を守るのにも役立ちます。

## 6.4　竜巻

　**竜巻**はグルグルと渦巻き状に吹く強風です。台風と似ているので、こ

の2つを混同している方もいるかもしれませんが、まったくの別物です。竜巻という現象を理解するために、両者の違いを把握しておきましょう。

### 1 竜巻と台風の違い

竜巻と台風の重要な違いとして、まず大きさが挙げられます。竜巻の直径は数100 m程度ですが、台風の直径は数100 kmもあります。台風は竜巻と比べて1000倍も大きいわけです。また、渦巻きの巻き方も異なります。台風の風は北半球では時計の針と反対回り、南半球では時計の針と同じ回転なのに対し、竜巻はどちらの半球でも時計の針回りと反対回りの両方があります。

竜巻は非常に大きな上昇流を伴うことが特徴的です。この非常に大きな上昇流が発生する気象場としては、おもにスーパーセルと呼ばれる巨大な積乱雲が伴っています。

### 2 スーパーセルに伴う竜巻

通常の積乱雲の水平スケールは1 km程度ですが、20 kmくらいになる

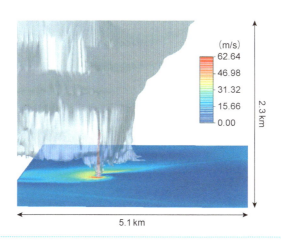

図6.10 コンピュータシミュレーションで再現されたスーパーセル型竜巻

水平面の陰影は地表付近の風速、中心部の鉛直に立った赤色は渦度の大きな部分（竜巻に対応）、灰色は雲水の多い部分を示す。

出典：Noda and Niino（2010）

**図6.11** 日本の竜巻の発生位置の分布
出典：気象庁

ものがあり、スーパーセルと呼ばれます。スーパーセルは大きいだけでなく、寿命も比較的長いのが特徴です。スーパーセルの中には大きさ数kmの小さな低気圧が存在し、メソサイクロンと呼ばれています。メソサイクロンの中央部では上昇流が非常に大きく、その中から竜巻が発生します（**図6.10**）。通常の積乱雲の中の上昇流の強さは数m/s程度ですが、スーパーセルでは50m/sにも達することがあります。スーパーセルに伴う竜巻は、スーパーセル竜巻と呼ばれています。2006年11月に北海道佐呂間町および2012年5月に茨城県つくば市で大きな被害を出した竜巻は、いずれもスーパーセル型でした。竜巻は北海道から沖縄までどこでも発生しますが、**図6.11**で見られるように、多くは海岸付近で発生しています。

## 3 トルネード —— アメリカで猛威を振るう竜巻

6.4 竜巻

日本でも竜巻の被害が時々報道されますが、竜巻の被害が世界で最も多い地域はアメリカ中西部です。英語では竜巻のことをトルネード (tornado) といいます。

アメリカのトルネードのほとんどは春～初夏の中西部で発生し、その大部分はスーパーセルに伴うものです (**図6.12**)。この中西部の春～初夏は、メキシコ湾から吹き込む下層の暖かい南風が特徴的です。この南風が水蒸気を運び込むために、積乱雲が発達して雨を降らせます。さらに中層～上層ではロッキー山脈を越えてきた強い西風があり、メキシコ湾からの下層の南風と相まって、アメリカ中西部では低気圧性の循環が作られやすい環境場となっています。これがスーパーセルの発生しやすい気象場を作り出しています。

日本では、竜巻による被害は数年に一度程度のまれなものですが、アメリカではたびたび甚大な被害を出しています。たとえば、2011年4月にはミシシッピ州からアラバマ州にかけて300以上のトルネードが発生

**図6.12** アメリカにおけるトルネード発生位置の分布 (2011年)
出典：NOAA

し、多数の犠牲者を出しています。このように、アメリカのトルネード
はハリケーンや集中豪雨と並んで防災上重要な気象現象です。

---

**Column**

### 藤田スケール

　トルネードの強さを表す指数に藤田スケールがあります。気象学者の
藤田哲也博士がアメリカのトルネード被害を詳細に調べて、その被害状
況から風速を推定して、風速の階級分けをしたものです。元々はアメリ
カのトルネードに対して使われていましたが、最近では日本の竜巻にも
使われています。藤田スケールは6段階からなり、つぎのように定義さ
れています。

| F0 | $<32\,\mathrm{m/s}$ | 煙突に軽微な被害が出る。木の枝が折れ、根張りの浅い木は倒れる。看板にも被害が出る。 |
|----|------|------|
| F1 | $33\sim49\,\mathrm{m/s}$ | 屋根の表面がはがれる。走行中の自動車は道路を逸脱する。 |
| F2 | $50\sim69\,\mathrm{m/s}$ | 木造住宅の屋根が吹き飛ばされる。貨車は脱線転覆し、大きい木が折れたり、根こそぎになる。軽いものは空中を飛んでいき、自動車は地面から浮き上がる。 |
| F3 | $70\sim92\,\mathrm{m/s}$ | 立て付けの良い家の屋根や壁が吹き飛ばされ、列車は脱線転覆する。森の木のほとんどが根こそぎとなり、重い自動車も地面から浮き上がって飛ばされる。 |
| F4 | $93\sim116\,\mathrm{m/s}$ | 立て付けの良い家も倒壊し、基礎の弱い構造物はかなりの距離を飛んでいく。自動車も吹き飛ばされる |
| F5 | $>117\,\mathrm{m/s}$ | 強固な木造住宅も基礎ごと吹き飛ばされ、自動車は空中を舞って100m以上飛ばされる。信じられないような光景が出現する。 |

　最近日本で発生した竜巻の例でいえば、2012年に茨城県つくば市で
起きた竜巻がF3でした。F5の竜巻は極めてまれで、日本では起きたこ
とがありません。アメリカでも、数年に1度程度しか発生しておらず、
発生すれば甚大な被害が出ます。

## 6.5 局地循環

　一般の低気圧や前線の周囲を吹く風とは別に、海陸分布や地形に影響された風が吹くこともあります。**局地循環**と呼ばれていますが、その例として、**海陸風**と**山谷風**を見てみましょう。

### 1 海陸風

　晴天の風が弱い日、海岸付近では早朝～午前中は陸から海に向かって風が吹き、逆に午後～夜は海から陸に向かって風が吹きやすくなります。これは、日射による地表面の加熱の様子が海と陸とで異なることによるものです。

　日射によって暖まるのは、陸上では地面付近のわずかな部分だけであり、このため陸上では日射により大きく気温が上がります。これに対して、海は大気に比べて熱容量が大きいため暖まりにくく、また表面付近が暖まっても、上下方向の海水のかき混ぜが起きて海面付近の温度は陸上に比べてあまり上昇しません。一方、夜間は陸上では放射冷却で気温が下がりますが、海上ではやはり陸上に比べて下がり方が緩やかです。このため、早朝～午前中は陸地の気温が海上より低くなり、午後になると陸地の方が高くなります。第5章で層厚について勉強しましたが、早朝～午前中は海上の層厚が大きく等圧面高度が高くなるため、上空では海から陸に向かって風が吹き込みます。この風により大気の一部が海上から陸上へ移動するため、海上の気圧が下がり地表面付近では陸から海に向かって風が吹きます。午後になると、陸地の気温が日射により上がるため陸地の大気が膨張し、上空では陸から海へ向かう風が生じるため、地表面付近では海から陸に向かって風が吹くことになります（**図6.13**）。

　これが海陸風のメカニズムです。海陸風の駆動力は日射です。したがって、晴れた日でないと海陸風はあまり発生しません。また、その風速は数m/s程度なので、強い風が吹いている時には海陸風は発生しません。

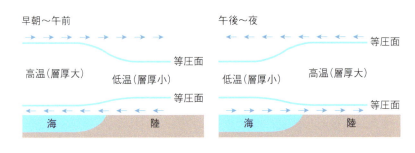

**図6.13 海陸風の概念図**

早朝〜午前には海上の層厚が大きいため、上空では海から陸へ向かう風、地表面付近では陸から海へ向かう風が生じる。午後には陸上の層厚が大きくなり、上空では陸から海、地表面付近では海から陸へ風が吹く。

## 2 山谷風

　山谷風も、原理は海陸風と同じで、日射により駆動されています。山谷風の場合、午後〜夜は、谷から山頂に向かって風が吹きます。これは、日射により山の斜面が暖められ、その影響で斜面付近の空気も暖められて軽くなり上昇するからです。逆に、早朝〜午前中は山頂から谷に向かって風が吹きます。放射冷却により山の斜面が冷えるため、その周囲の空気も冷えて収縮し重くなって山の斜面を下降するのです。

Introduction to **Meteorology**

第**II**部｜大気の現象論

# 第**7**章　大規模な大気の流れ

　地球の大気には大規模な流れがあります。ただし、それは地球全体で一様ではなく、とくに熱帯大気と中高緯度大気の流れは大きく異なっています。一体なぜなのでしょうか。それぞれの特徴的な大気循環のしくみから、その理由を考えていきましょう。

## 7.1　低緯度（熱帯）の大気循環

### 1　ハドレー循環

　熱帯は海水温が高いため（**図7.1**）、海洋上の下層大気は多量の水蒸気を含みます。**図7.2**は、人工衛星によって観測された1月の海洋上の水蒸気分布です。赤道付近に、東西に延びる帯状の分布が見られます。この帯状の範囲を**熱帯収束帯**（ITCZ）といいます。熱帯収束帯に水蒸気が集中するのは、下層大気に含まれる多量の水蒸気が赤道へ向かう風に運ばれるためです。また、熱帯収束帯では強い上昇流があり、水蒸気が凝結して活発な降水が生じています。上昇した空気は亜熱帯で下降し、赤道へ向かう下層の流れと合流します。熱帯収束帯から亜熱帯にかけて、南北方向の鉛直循環系が形成されているのです。この循環系は**ハドレー循環**（Hadley circulation）と呼ばれています。ハドレー循環の駆動源は積雲対流活動による潜熱の放出です。

　**図7.3**は、緯度方向に切った鉛直断面に南北方向の大気循環を示したもので、ハドレー循環の季節変化が表れています。ハドレー循環の上昇・下降域が、季節によって北緯30度から南緯30度の間で南北に移動していることがわかります。1年を通して平均すると、赤道の少し北で

105

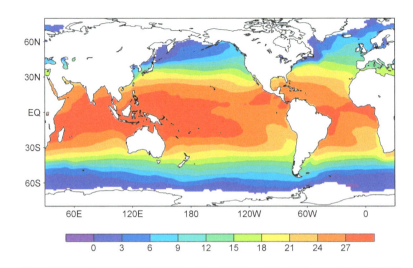

図7.1 1月の海面水温分布

単位は℃。

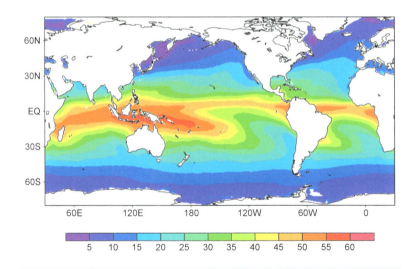

図7.2 1月の海洋上の水蒸気量分布

単位はmm。

## 7.1 低緯度（熱帯）の大気循環

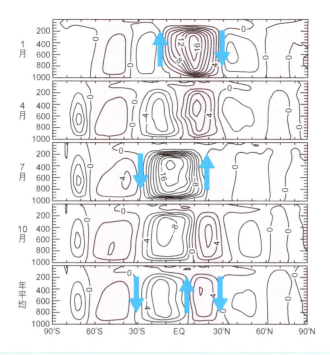

**図7.3** ハドレー循環の季節変化と年平均

等値線は南北鉛直循環の強さを表す。矢印は上昇流・下降流を示す。

上昇し、両半球の緯度30度付近で下降しており、年平均におけるハドレー循環の北限と南限を示しています。熱帯海洋上では、ハドレー循環によって赤道へ向かう流れが生じます。ただし、この風はコリオリ力の影響を受けるので、北半球では北風が右へ転向し北東貿易風、南半球では南風が左へ転向し南東貿易風が吹くことになります（**図7.4**）。

　もし熱帯の海水温分布が東西一様になっていれば、年平均で見ると、まるで金太郎飴のように、どの経度で南北方向に輪切りをしても全く同じようなハドレー循環が見られるはずです。ところが、地球では海陸分布などの影響により、熱帯海洋の水温は東西方向に一様にはなりません。そのため、ハドレー循環とは別の大気循環系も見られます。

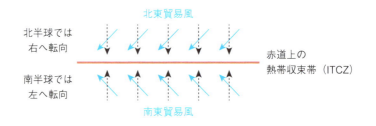

図7.4 熱帯収束帯付近の風の流れ

## 2 ウォーカー循環

図7.1を改めて見てみると、熱帯太平洋の海水温は西部で高く東部で低くなっています。この海水温の東西勾配のために、**ウォーカー循環**（Walker circulation）と呼ばれる東西方向の鉛直循環系が存在します（**図7.5**）。インドネシア多島海域（海洋大陸とも呼ぶ）や西部太平洋で活発な積雲対流活動に伴う上昇流が生じ、反対に東部太平洋で下降流が生じるのです。

次章で改めて解説しますが、ウォーカー循環は**エルニーニョ現象**やラニーニャ現象の影響を受け、強まったり弱まったりをくり返します。これを**南方振動**（Southern Oscillation）と呼びます。エルニーニョは熱帯太平洋の東部から中部にかけて海水温が上昇する現象です。したがっ

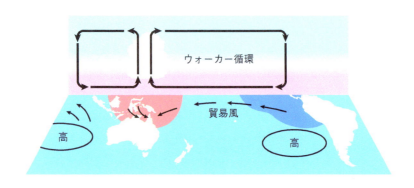

図7.5 ウォーカー循環の模式図
熱帯太平洋西部では水温が高く上昇流が生じ、東部では水温が低く下降流が生じる。

て、エルニーニョは海水温の東西勾配を縮小し、ウォーカー循環を弱めるのです。一方ラニーニャは海水温の東西勾配を拡大するので、ウォーカー循環を強めます。

## 7.2 中高緯度の大気循環

前節で見たように、低緯度の大気循環は、南北鉛直循環型のハドレー循環と東西鉛直循環型のウォーカー循環が共存するという特徴を持ちます。それでは、中高緯度の大気循環はどんな特徴を持つのでしょうか。

### 1 偏西風

自転している地球上において、ハドレー循環によって極向きに空気塊が移動すると、その流れは中緯度では西風となります。この理由は、角運動量保存則を考えれば明らかです。簡単に説明してみましょう。

単位質量の回転流体の角運動量保存則は次式で表されます。

$$rv = r^2\omega = 一定$$

ここで、$r$ は回転半径、$v$ は回転速度、$\omega$ は角速度です。もし赤道上空の空気塊が地球の自転と同じ速度で回転しているとすると、風の東西成分はゼロです。この空気塊が、角運動量を保持しながら中緯度へ移動すると、回転半径が小さくなるため、その分回転速度が大きくなります。その結果、地球の自転速度を追い越してしまう、つまり西風が吹くことになります。このような中緯度で恒常的に吹く西風は偏西風と呼ばれ、対流圏上層に見られる特に強い偏西風は**ジェット気流**ともいわれています。

第4章で学んだように、中緯度では南北方向に気圧差が大きいので、もし気圧傾度力とコリオリ力がバランスしていれば、地衡風である西風が強く吹きます（4.3節参照）。地衡風はあくまでも、気圧傾度力とコリオリ力が完全にバランスした場合に定常的に吹く、仮想的な風です。とはいえ、大雑把に見れば、対流圏上層では等圧線に沿って偏西風が吹い

ているので、偏西風は地衡風成分が非常に大きいといえます。

## 2 子午面循環

　経度方向に0°から360°まで（地球を一周）平均した、高度―緯度断面での大気循環を**子午面循環**といいます。子午面循環を見て、改めて低緯度と中高緯度の大気循環の違いを考えてみましょう（**図7.6**）。

　まず低緯度には、前節で説明したハドレー循環が見られます。経度方向に平均した図なので東西の流れは消え、当然ながらウォーカー循環は見られません。高緯度には、極で下降し中緯度側で上昇する**極循環**があります。そして、ハドレー循環と極循環に挟まれた中緯度には、**フェレル（Ferrel）循環**と呼ばれる子午面循環が存在しています。フェレル循環は温度の低い極側で上昇し、温度の高い赤道側で下降する奇妙な循環です。どうしてこのような循環が生じるのか考えてみましょう。

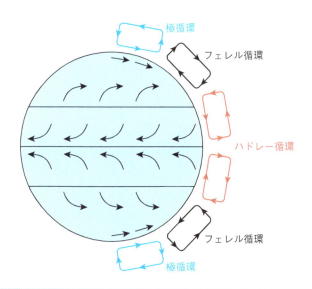

**図7.6** 3種類の子午面循環（ハドレー循環、フェレル循環、極循環）

## 3 フェレル循環

フェレル循環が見られる中緯度では、偏西風が卓越しています。偏西風の流れは常に変動しており、時には**図7.7**のように大きく蛇行し、この蛇行現象を**偏西風波動**といいます。偏西風波動が生じているときには、極側に向かって暖気が、赤道側に向かって寒気の流れが強まります。暖気移流は上昇流を伴い、寒気移流は下降流を伴うので、極側で上昇流、赤道側で下降流の構造が生まれることになります※。偏西風が蛇行している地域がいくつもあれば、同様な構造が見られるはずです。それを経度方向に地球一周分平均してしまえば、フェレル循環が現れます。つまり、フェレル循環は、偏西風波動を経度方向に平均することで初めて出現する「見かけの循環」です。

子午面循環にフェレル循環が現れるということは、裏を返せば、恒常的に偏西風波動が生じていることを意味しています。偏西風波動は、極向きの暖気移流と赤道向きの寒気移流を促進させることで、中緯度で極向きに熱を輸送する重要な役割を担っています。第2章で説明したように、太陽放射と地球放射の収支は地球全体では釣り合っていますが、緯度帯別に見ると不均衡があります。低緯度では放射エネルギーが過剰で、高緯度では不足するのです。その不均衡を解消しようとして、大気と海

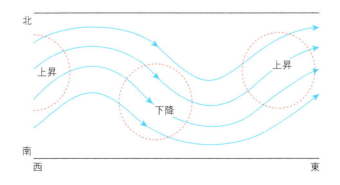

図7.7 | 偏西風の蛇行（流線）と上昇域・下降域（点線）の模式図

※温帯低気圧の構造や発達経路などの影響で、上昇流・下降流の南北の位置がずれます。

洋が運動することで低緯度から高緯度に熱を輸送しています。熱輸送を担う大気の運動が、偏西風波動なのです。そこで、そもそもなぜ偏西風波動が生じるのか、もう少し考えていきましょう。

### 4 傾圧不安定

第4章の温度風のところで説明したように、南北の温度差が大きいほど地衡風の鉛直シアーが大きくなるので、対流圏上層で強い偏西風（ジェット気流）が吹くことになります。冬季の日本付近がまさにその条件に当てはまる場所で、対流圏上層では100 m/sを超えるジェット気流が吹いています。北の大陸からは寒冷な季節風が吹き出し、南には黒潮と呼ばれる暖流が流れているので、日本を挟んで強い南北温度勾配が形成されるからです（図7.1）。緯度帯別に見ると放射収支の不均衡があるので、それを解消しなければ、中緯度では南北温度勾配が強まっていき、結果的にジェット気流も限りなく強くなっていきます。

このような状態は流体力学的に非常に不安定で、実際の大気は強い温度勾配に抗しきれずに、ジェット気流が蛇行し始めます。その様子を単純化すると図7.8のように表せます。これは、南北方向の温度差を解消しようとして、南北方向にも対流が生じることを意味しています。前に

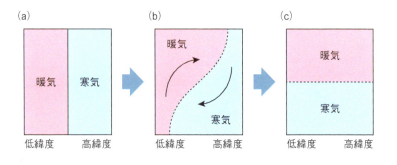

| 図7.8 | 低緯度から高緯度への熱輸送の模式図
(a) 中緯度を境にして、低緯度側に暖気、高緯度側に寒気があり不安定な状態
(b) 不安定を解消しようとして、南北方向に対流が生じている状態
(c) 下層に寒気、上層に暖気があり安定な状態

説明したように、ジェット気流の蛇行は低緯度から高緯度への熱輸送を活発化させることで、南北温度勾配が極端に大きくならないように調節する役目を担っています。蛇行をもたらしている波動は一体どのようなものなのでしょうか。具体的には、南北温度勾配によって鉛直シアーを持つ偏西風を基本場として、そこで成長していく（振幅が増大していく）波（傾圧不安定波）の構造が調べられています。

　北半球の日々の高層天気図を見ると、偏西風はいつもいろいろなところで蛇行していることがわかります。たとえば、**図7.9**の北緯40度の緯度円に沿って気圧の谷と峰を数えてみると、それぞれ5個から6個ぐらい見つかります。この緯度円は1周3万km余りで、波の数（波数）が5〜6なので、その波長は5000〜6000kmほどです。

　**傾圧不安定波**は、気圧の谷や峰が高度と共に西へ傾く（傾圧）構造を

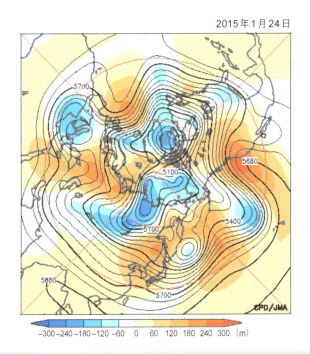

| **図7.9** | 北半球の500hPa高度（等値線）とその平年偏差（陰影）の分布

出典：気象庁

持っています（**図7.10b**）。谷の東側（峰の西側）には暖気移流があるので高温となり、層厚が厚くなります。谷の西側（峰の東側）には寒気移流があるので低温となり、層厚が薄くなります。結果的に谷や峰の軸が西へ傾くことになるのです。もし仮に南北方向に温度が一様であれば、

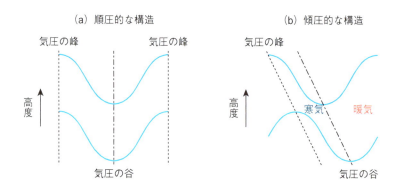

**図7.10　層厚の東西差がもたらす傾圧構造**

(a) 南北温度差が全くなければ、気圧の谷の西側で北風が吹いても気圧の谷の東側で南風が吹いても温度は変わらないので、2つの等圧面で挟まれた気層の厚さ（層厚）も変わらない。

(b) 北に寒気、南に暖気があれば、気圧の谷の西側で寒気が流れ込み、気圧の谷の東側で暖気が流れ込むため、谷の西側で層厚が薄くなり東側で層厚が厚くなる。結果的に、気圧の谷や峰の軸は西へ傾く。

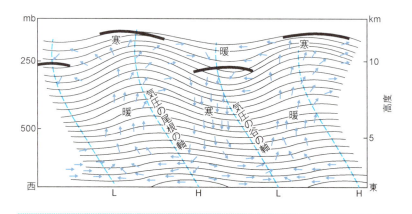

**図7.11　温帯低気圧が発達しているときの中緯度大気の傾圧構造**

出典：一般気象学（小倉義光著）

暖気移流も寒気移流もないので層厚の東西の違いも生じません。気圧の谷や峰が高度と共に傾かない（順圧）構造のままです（**図7.10a**）。

　高度と共に西へ傾く傾圧構造は、中緯度で温帯低気圧（第6章参照）が発達しているときに明瞭に現れます（**図7.11**）。また、理論から得られる傾圧不安定波の波長は、温帯低気圧の空間スケールとほぼ一致します。観測される温帯低気圧の成長は、傾圧不安定波によってうまく説明することができるのです。

### 5 　亜熱帯ジェットと寒帯前線ジェット

　強い偏西風の流れであるジェット気流は、**亜熱帯ジェット**と**寒帯前線ジェット**（亜寒帯ジェットともいう）に大別されます。**図7.12**にあるように、北半球の亜熱帯ジェットは北緯30度付近に見られ、この位置はハドレー循環とフェレル循環の境界にあたります。2つの循環の境界を挟んで、南北温度差に起因する対流圏界面高度の違いがあり、その圏界面高度近傍に亜熱帯ジェットの強風軸が存在するのです。もう1つのジェット気流、寒帯前線ジェットは北緯60度付近に見られ、フェレル循環と極循環の境界に位置しています。この2つの循環の境界でもやはり対流圏界面高度に違いがあり、その圏界面高度近傍に寒帯前線ジェットの強風軸が存在するのです。

　ハドレー循環は明瞭で恒常的な子午面循環であり、亜熱帯ジェットも比較的安定しています。一方、フェレル循環は偏西風波動の結果として現れる見かけの循環であり、極循環も必ずしも明瞭ではありません。これに関連して、両者の境界に位置する寒帯前線ジェットは非常に不安定で、ほとんど消失している場合もあります。また、亜熱帯ジェットと比較して、寒帯前線ジェットの分布は季節や地域により大きく変動します。

　**図7.13a**は、2010年6月の北半球300 hPa面の月平均風速分布を示したものです。北太平洋から北米、北大西洋にかけては、亜熱帯ジェットと寒帯前線ジェットの区別ができない状態になっています（この状態をシングルジェットと呼びます）。一方、ユーラシア大陸上では、北緯30度付近の亜熱帯ジェットと北緯60度付近の寒帯前線ジェットが明瞭に

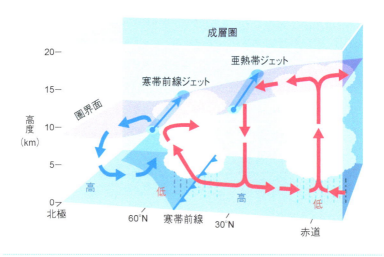

**図7.12　2種類のジェット気流と子午面循環**

亜熱帯ジェットはハドレー循環とフェレル循環の境界、寒帯前線ジェットはフェレル循環と極循環の境界に位置している。

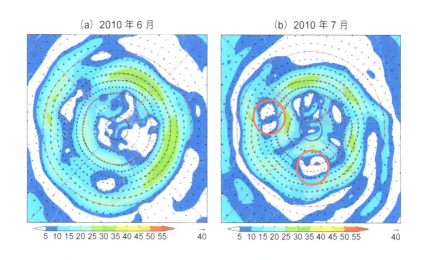

**図7.13　北半球の300 hPa面の風速分布**

陰影は風速の絶対値、矢印は風ベクトル。図中の赤い円はブロッキング高気圧を示す。
出典：気象庁

区別でき、ダブルジェットが形成されていることがわかります。これは、6月のユーラシア北部では融雪が進み、急激に大陸の地表面加熱が進行しているためです。つまり、地表面温度が上昇している地域と北極域との南北温度勾配が局所的に強くなっているのです。そのため、地衡風の鉛直シアーが大きくなり、上空に明瞭な寒帯前線ジェットが形成されます。

## 6 ブロッキング

図7.13bは、2010年7月の北半球300 hPa面の月平均風速分布です。6月にユーラシア北部に見られた寒帯前線ジェットが、ヨーロッパ付近とシベリアで大きく高緯度側に蛇行していることがわかります。このように中緯度偏西風帯でジェット気流が大きく蛇行し、その状態が1週間以上のスパンで持続すると、偏西風帯上流からの低気圧等の擾乱の移動が阻害（ブロック）されることがあります。この現象は**ブロッキング**と呼ばれています。改めて図を見ると、ヨーロッパ付近とシベリアで高緯度側に蛇行しているところでは、高気圧性渦（ブロッキング高気圧）が形成されています（図中の赤い円）。このブロッキング高気圧が障壁となり、温帯低気圧の経路が変わり、北極海に侵入する低気圧が増えたりします。またブロッキングの発生により、南側の亜熱帯ジェットの流れも影響を受けることが知られています。

北日本や東日本に冷夏をもたらす原因の1つとしてよく知られている**オホーツク海高気圧**の異常持続は、多くの場合、上空にブロッキング高気圧を伴います。上空のブロッキング高気圧の停滞はオホーツク海高気圧を持続させ、その結果、北日本・東日本の太平洋沿岸域には冷湿な北東気流（ヤマセ）が流れ込みます。ヤマセは下層雲や霧を伴うので、低温と共に著しい日照不足をもたらし、しばしば深刻な冷害を生じさせます。また、冬季に日本近海の北太平洋上でブロッキング高気圧が停滞すると、急発達しながら東進する**南岸低気圧**の経路が北寄りに変わり、東日本や北日本の太平洋沿岸域が大雪や大雨に見舞われる場合もあります。

このように、ブロッキングは極端な冷夏などの異常気象や深刻な気象

災害の発生に密接に関連しています。そのため、ブロッキングの予測研究は気象学において重要な位置を占めています。

## 7.3 モンスーン循環

モンスーン（monsoon）循環は一般的に、大陸と海洋の間の温度差に起因する、陸域の雨季と乾季をもたらすラージスケールの大気循環系、あるいは夏季と冬季で風向が反転するラージスケールの大気循環系を指します。同じものを指して、日本語で季節風と呼ぶこともあります。地球表面のおよそ3割は大陸であり、熱帯から中高緯度にかけて大陸が存在するため、モンスーン循環は低緯度ではハドレー循環やウォーカー循環と重なり、中高緯度では偏西風の流れと重なります。このことが、対流圏の大気循環をいっそう複雑にしています。

### 1 モンスーン地域の特徴

図7.14 は、世界各地の月積算降水量の年較差を示しています。月積算降水量の年較差とは、1年のなかで降水量が最多の月と最少の月との降水量の差です。雨季と乾季が明瞭なほど、年較差が大きくなる傾向があります。インドから東南アジアにかけて広がる年較差が大きい地域は、アジアモンスーン地域と呼ばれています。西アフリカや南アメリカなどでも年較差が大きく、それぞれの地域名をとって西アフリカモンスーン、南アメリカモンスーンと名付けられています。

モンスーン循環は、その地域の自然環境に大きな影響をおよぼすので重要です。とくにモンスーンがもたらす雨季の豊富な降水は、豊かな陸上生態系を育みます。図7.15 は、7月におけるユーラシア・アフリカ・オーストラリアの植生指数の分布と降水量分布を重ねた図です。植生指数とは、地球観測衛星の可視赤外放射計データから推定した植生の有無や活性度です。緑葉が可視光、特に赤の光をより強く吸収し、近赤外の光をより強く反射する特性を利用して推定されます。寒色系で示されて

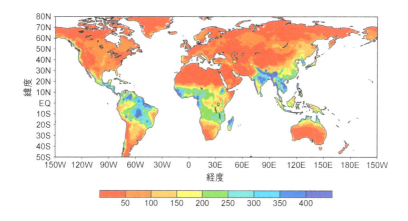

| 図7.14 | 月降水量の年較差の分布 |

単位はmm。

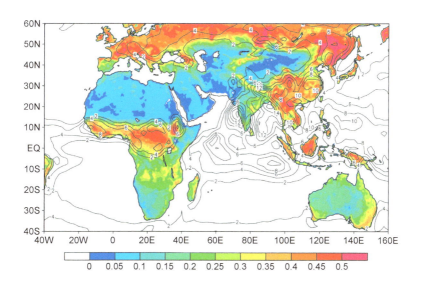

| 図7.15 | 7月の植生指数（陰影）と降水量（等値線）の分布 |

等値線の単位はmm/日。

いる地域は植生指数が0に近く、砂漠または半乾燥地域に対応します。降水量が多い湿潤モンスーン地域では、植生指数が高く（暖色系）なっていることがわかります。モンスーン循環によって、同じ大陸でも降水量が多い地域と少ない地域が生じるので、そのため植生指数にも大きな違いがでるのです。

## 2 アジアモンスーン循環

　モンスーンに伴う大規模な大気の流れには、大きな特徴があります。**図7.16**は、7月のアジアモンスーン循環を下層850 hPa面の流線関数（等値線）で見たものです。流線関数は大規模な流れを見るためにしばしば使われます。等値線と平行に風が吹いており、等値線間隔が狭いところ

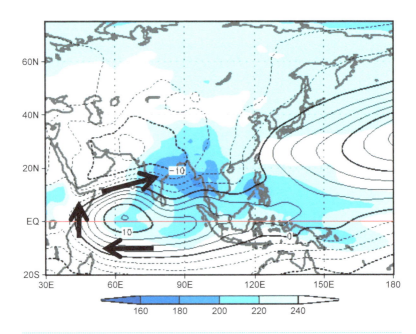

| 図7.16 | 7月の850 hPa流線関数（等値線）と赤外放射量（陰影）の分布

赤外放射量（単位：W/m$^3$）は熱帯では対流活動の指標となり、低い値ほど対流活動が活発。太矢印は大規模な風の流れを示す。
出典：気象庁

で風速が大きくなることを意味します。陰影は赤外放射量の分布で、熱帯では、濃い陰影で覆われた地域ほど対流活動が活発です。最も対流活動が活発なのはベンガル湾付近で、**図7.15**を見るとその周辺で降水量も多くなっていることがわかります。

　インド洋に注目すると、南半球側では東風、北半球側では西風が吹いています。このインド洋の風が生まれる理由を考えてみましょう。海陸間の温度差によって、ベンガル湾を含む南アジアで上昇し、インド洋の南半球側で下降するという、赤道を挟んだ南北鉛直循環（モンスーン循環）が形成されます。そのため、対流圏下層では、インド洋の南半球から北半球の大陸へ向かう風が強まります。ところが、コリオリ力の影響を受けるため、南からの風が南半球では左へ転向し東風成分、北半球では右へ転向し西風成分が生じます。結果的に、南半球からの気流は西へ迂回し、アラビア海の方から南アジアへ湿潤なモンスーン気流が流入することになるのです。このような、インド洋上に出現する局所的な南北鉛直循環はハドレー循環と混同されがちですが、海陸間の温度差に起因する循環なので、ハドレー循環とは別物です。

## ③　モンスーン循環と海陸風循環

　モンスーン循環はしばしば巨大海陸風と比喩されますが、海陸風循環とのあいだには類似点と相違点があります。それぞれを整理してみましょう。

　冬から春にかけてのプレモンスーン期には徐々に大陸の地表面加熱が進行し、海陸間の温度差が大きくなっていきます。そのため、海陸風循環と同じように海陸間で水平方向に気圧差が生じ、地表付近では海洋から大陸へ風が収束し、大陸で上昇流が生じ、上空では反対に大陸から海洋へ向かうという鉛直循環が形成されます。この鉛直循環の駆動源は地表面から大気への顕熱輸送によるもので、鉛直循環の厚さはせいぜい700 hPa付近（高度3 km程度）までしかありません。このような循環であれば、巨大海陸風と呼んでもおかしくないでしょう。ただし、海陸風循環とは異なり、モンスーン循環の水平スケールは大陸規模です。した

がって、コリオリ力の影響を強く受けます。すでに**図7.16**で見たように、対流圏下層のモンスーン気流はコリオリ力の影響で大きく迂回しながら大陸へ流入するのです。

　一方、雨季が始まると、対流圏界面まで達するような背の高い鉛直循環が形成されます。上昇流によって下層から上空へ運ばれた水蒸気が凝結し、潜熱を解放することで、対流圏中層から上層の大気を強く加熱します。つまり、$H_2O$の相変化を介した潜熱による加熱が、このような背の高い鉛直循環の駆動源になっているのです。下層の水蒸気も内陸奥深くへ侵入し、大陸の沿岸地域を中心に活発な降水が生じることになります。海陸風循環の主な駆動源は顕熱なので、雨季のモンスーン循環のような圏界面まで達するほど背の高い鉛直循環を作ることはありません。雨季開始後は、モンスーン循環は対流圏全層に及ぶため、低緯度のハドレー循環やウォーカー循環と並んで対流圏の大規模循環の一大システムといえます。

## Column

### 梅雨はモンスーンか？

　日本はユーラシア大陸東岸に位置しているため、冬から夏へ季節が進行する中で、地表面加熱により大陸スケールの熱的低圧部が形成されます。一方、太平洋上では高気圧が発達します（図7.16参照）。海陸間の温度差の拡大に伴い、日本付近では気圧の東西勾配が強まるのです。そのため、低緯度のアジアモンスーン地域から中緯度偏西風帯へ暖湿気流が流入してきます。一方、第12章で解説しますが、チベット高原の山岳効果などによって、日本付近には弱い気圧の谷が存在します。気圧の谷へ暖湿気流が流入すると、両者の複合効果で準定常的な降水帯が形成されるのですが、これが梅雨（Baiu/Meiyu）と呼ばれる現象です。

　初夏から盛夏期にかけて、海陸間の温度差は小さくなり気圧の東西勾配も弱まります。その結果、アジアモンスーン地域からの暖湿気流も弱まります。同時に、中緯度偏西風帯も北上し、梅雨明けを迎えます。このように、梅雨は、春から夏へ季節が移行する途中で海陸間の温度差によってもたらされる、短期間（40日程度）の雨季といえるでしょう。モンスーンと中緯度偏西風の両システムが結合した、ハイブリッド現象と呼んでもよいかもしれません。

　では、なぜ夏から秋への季節の遷移期に梅雨のような現象が出現しないのでしょうか。秋雨があると思う人も多いかと思いますが、秋雨の成因は梅雨のそれとは大きく異なります。秋雨期には、ユーラシア大陸の地表面が冷却し始め、大陸の高気圧が発達します。一方、夏の太平洋高気圧はゆっくりと東へ後退していくため、ちょうど日本付近が2つの高気圧の狭間（すなわち気圧の谷）となり、停滞性の前線（秋雨前線）が形成されやすくなるのです。梅雨期のような、大陸東岸に沿う低緯度のモンスーン地域からの暖湿気流は、ほとんど見られません。代わりに、台風が暖湿気流の担い手となり、しばしば秋雨前線を活発化させます。この時期の局地的豪雨はそれが主な原因の1つです。

Introduction to **Meteorology**

第**Ⅱ**部 | 大気の現象論

# 第**8**章　大気海洋相互作用

　大気の上端に明瞭な境界はありませんが、下端は海洋あるいは大陸に接しています。とくに海洋は地球表面の約7割を占めるため、海洋と大気の間では活発な熱や水蒸気の交換が生じています。また、海洋も大気と同じ粘性流体なので、海上の風によって海水が引きずられる現象が見られます。そのため、気象や気候の変化の原因を明らかにする上で、海洋と大気の相互作用の理解は必要不可欠です。

　本章では、まず始めに、海洋の大循環と湧昇という現象のしくみを解説します。その後、熱帯と中緯度に分けて、それぞれに特徴的な大気と海洋の相互作用として見られる現象について説明します。

## 8.1　風成循環

　**図8.1**は世界の海洋循環を示したもので、主な海流の名称と経路が示されています。たとえば、日本の南岸を流れている**黒潮**や北アメリカ東岸に沿う**メキシコ湾流**は、強い暖流として有名です。また、太平洋、大西洋、インド洋の3大洋にはそれぞれ大きな循環が見られます。しかも、それらの循環の向きは北半球では時計回り、南半球では反時計回りで共通です。また、北太平洋に注目すると、中緯度では東向きの流れである北太平洋海流、低緯度では西向きの北赤道海流、そして西岸では暖流の黒潮、東岸では寒流のカリフォルニア海流があります。第7章で学んだように、中緯度では偏西風が吹いているので、偏西風によって北太平洋海流が生まれ、低緯度では偏東風（貿易風）によって北赤道海流が生じているように見えます。つまり、風向に沿って素直に海流が生じているように見えます。ところが、実際はそう単純ではありません。

124

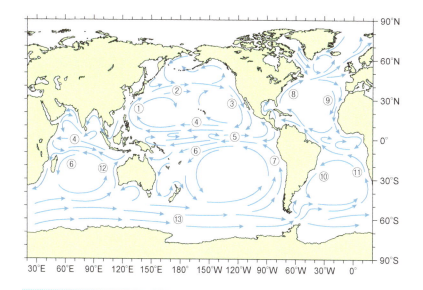

**図8.1 世界の海洋循環**

①黒潮 ②北太平洋海流 ③カリフォルニア海流 ④北赤道海流 ⑤赤道反流 ⑥南赤道海流 ⑦ペルー海流 ⑧メキシコ湾流 ⑨カナリア海流 ⑩ブラジル海流 ⑪ベンゲラ海流 ⑫西オーストラリア海流 ⑬南極周極流

## 1 エクマン吹送流と地衡流

　実は4.5節の境界層のところで、海上の風によって海に流れが生じる仕組みが解説されています。風応力によって海面が引きずられ吹送流が生じますが、吹送流にもコリオリ力が働くので北半球では流れは右へ転向します。その結果、海洋の境界層内における正味の海水の移動方向は、海上風に対して直角右向きになるのです。これを特に**エクマン吹送流**と呼んでいます。ところが、エクマン吹送流の厚さはたかだか数十mに過ぎません。厚さからも流れの向きからも、海流を説明できないのです。

　それでは、北太平洋の海流をモデル化して考えてみましょう。中緯度では偏西風が吹いているので、エクマン吹送流は南向きの流れになります。一方、低緯度では貿易風が吹いているので、エクマン吹送流は北向きの流れになってしまいます（**図8.2**）。北太平洋海流や北赤道海流の流れとは一致しません。一方、北太平洋の西と東には大陸境界があるの

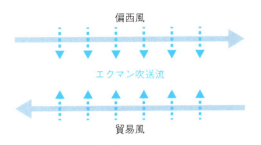

**図8.2** 偏西風と貿易風によって励起されるエクマン吹送流

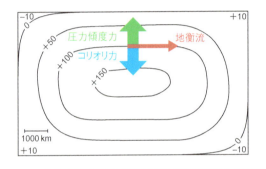

**図8.3** エクマン吹送流の収束によって生じる海面高度の変化

等値線間隔は50 cm。　出典：Stommel（1948）を一部改変

で、北太平洋中央部ではエクマン吹送流によって周囲から海水が集まってきます。その結果、北太平洋の海面高度に相対的な高低差が生じ、中央部が周辺部より高くなります（**図8.3**）。その高低差はたかだか1 m強に過ぎませんが、大洋スケールで海面の凹凸が形成されていることが重要です。

　北太平洋中央部から周辺部へ向かって海水面が傾いているため、水平方向の水圧差が生じます。そして、等高度線（等水圧線）に直交して外向きに圧力傾度力が働きます（**図8.3**）。その圧力傾度力とコリオリ力がバランスすると、等高度線に沿って定常流が生じることになります。これは**地衡流**と呼ばれており、海洋と大気という違いはありますが、メカニズムは4.3節で学んだ地衡風と全く同じです。

126

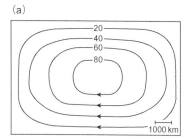
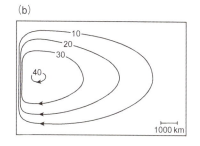

**図8.4 地衡流の模式図**
(a) 回転する円盤上での風成循環
(b) 緯度によってコリオリ力が変わる球面上での風成循環　出典：Stommel (1948)

　その地衡流を流線で示したのが**図8.4a**です。きれいな時計回りの循環を形成していることがわかります。また、中緯度では東向き、低緯度では西向きの流れになっています。水平方向の水圧差は海面付近だけではなく、深いところでも生じているため、このような時計回りの循環は数百mの深さでも見られます。つまり、黒潮や北太平洋海流などの海流は、第一次近似では地衡流と考えて差し支えありません。実際、黒潮やメキシコ湾流の厚さは少なくとも500mを超えています。
　このように、地衡流の近似として海流を捉えることができますが、現実の海流は大陸境界や海底の地形などによって、もっと複雑な流れになっています。

## 2　単純化した風成循環と実際の風成循環

　海流は、単純に海上風の風向に沿って生じる流れではありませんが、無風状態ではエクマン吹送流も海面の凹凸も生まれません。そのため、海上風によって励起された海洋表層の地衡流の循環は**風成循環**と名付けられています。風成循環について、もうすこし詳しく見ていきましょう。
　**図8.4a**に流線で示した地衡流は、西岸と東岸で流れの向きは正反対ですが、速さは同じです。ところが、実際に観測される西岸の黒潮は、東岸のカリフォルニア海流よりはるかに強い流れです。この東西非対称

性は北大西洋の海流循環にも当てはまります。このようなメキシコ湾流
や黒潮などの海流の西岸強化という現象を、**図8.4a**のモデルは説明し
ていません。

　この不一致の理由は、北太平洋の流れをモデル化した際に、コリオリ
力の大きさがどこでも一定という単純な仮定をしてしまったからです。
たとえて言うなら、**図8.4a**が見ているのは、海洋が回転する円盤上に
あった場合の風成循環です。実際の地球表面は球面ですから、低緯度と
中高緯度ではコリオリ力の大きさが異なります。ここでは詳しい説明は
省略しますが、回転する球面上で改めて海洋の風成循環を考えると、**図
8.4b**のような流れが再現できます。このモデルは、黒潮やメキシコ湾
流が強い流れになることと調和的です。このような西岸で強くなる流れ
を**西岸境界流**と呼んでいます。

## 8.2 赤道湧昇と沿岸湧昇

　前節では、風によって駆動される水平方向の海洋循環に注目しました
が、本節では、鉛直方向の循環を考えます。鉛直循環を考えるうえでは、
海水温度の鉛直分布がカギになります。

### 1 水温の深度分布と湧昇

　**図8.5**は熱帯、温帯、極域における平均的な海水温の深度分布を示し
ています。極域を除くと、一般に海洋表層は水温が高く、数百mの深
さから急激に水温が低下し、深さ1000mより深層では数℃でほぼ一定
です。急激に水温が低下する層は**水温躍層**（サーモクライン）と呼ばれ
ています。

　海洋学の分野では、水温躍層付近の冷たい海水が海洋表層まで湧き上
がってくる現象が知られており、それを**湧昇**といいます。一般に湧昇は
海上風によって生じる現象で、赤道湧昇と沿岸湧昇に大別されます。こ
の2つの湧昇について、次項で見ていきましょう。

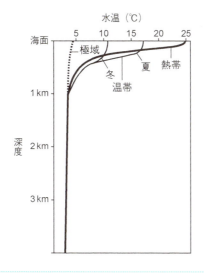

**図8.5** 海水温の鉛直分布

出典：Garrison（2002）を改変

## 2 湧昇のメカニズム

　赤道を挟んで両半球で貿易風が吹いていると、北半球では北向きのエクマン吹送流、南半球では南向きのエクマン吹送流が励起されます。赤道に沿って表層水の流れが水平発散するので、冷たい海水が深い層から湧き上がってきます（**図8.6a**）。これが**赤道湧昇**です。熱帯太平洋東部では赤道湧昇が活発で、水温低下が明瞭です。冷たい海水が湧き上がってくるので、水温躍層の深さもほかの海域より浅くなっています。対照的に、年間を通して必ずしも定常的に貿易風が吹いているわけではない熱帯太平洋西部では、赤道湧昇による水温の低下は不明瞭です。水温躍層の深さも浅くなっていません。

　一方、大陸の海岸線に沿うように風が吹いて、海岸線から離れる向きにエクマン吹送流が励起されると、沿岸に沿って冷たい海水が深い層から湧き上がってきます（**図8.6b**）。赤道湧昇と同じメカニズムで生じる現象ですが、区別するために**沿岸湧昇**と呼ばれています。

　海洋深層の海水には、窒素やリンなどの栄養塩類が豊富に含まれてい

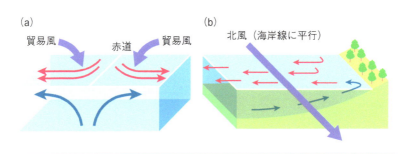

**図8.6 赤道湧昇と沿岸湧昇**
(a) 赤道湧昇　赤い矢印はエクマン吹送流、青い矢印は湧昇流を示す。
(b) 沿岸湧昇（北半球の場合）　赤い矢印はエクマン吹送流、青い矢印は湧昇流を示す。

ます。したがって、赤道湧昇や沿岸湧昇によって、栄養塩類に富んだ海水が表層まで運ばれることになります。その結果、表層の植物プランクトンの光合成活動が活発化し、しばしばプランクトンの大繁殖がもたらされます。ペルー沖に代表されるこのような海域では、食物連鎖が進み好漁場となっています。

## 8.3 熱帯太平洋の大気海洋相互作用

ここからは、大気と海洋の相互作用として見られる現象を考えます。そのような現象は、海域によって異なる特徴を示します。まずは、熱帯太平洋に注目しましょう。ここで起きる現象は世界各地の気象に影響を与えることが知られており、研究がさかんです。

### 1 エルニーニョ現象

熱帯太平洋における水温の分布を見てみましょう。通常は、西部で水温躍層の深さが深く海水温も高く、東部では水温躍層の深さが浅く海水温が低くなっています（**図8.7a**）。海水温が高いと、その直上の大気下層が不安定となるため、積雲対流活動が活発になります。結果的に降水量が増加し、地表気圧も下がります。大気循環から見ると、熱帯太平洋

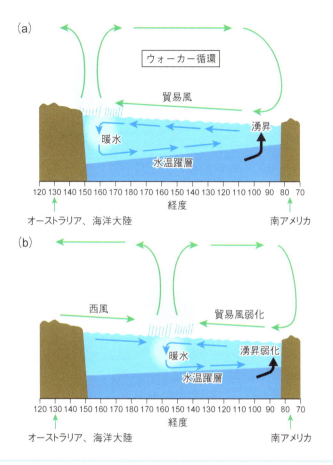

**図 8.7　熱帯太平洋の東西非対称構造**
(a) 平年の状態
(b) エルニーニョ現象発生時の状態

の西部で降水量が多く地表気圧も低く、東部では降水量が少なく地表気圧も高くなっており、7.1節で説明した**ウォーカー循環**が形成されています。つまり、海洋も大気も熱帯太平洋域では東西非対称の特徴を持っているのです。ところが、このような東西非対称性が大きく崩れて、**図 8.7b**に示すように非対称性が不明瞭になることがあります。それが**エルニーニョ（El Niño）現象**です。

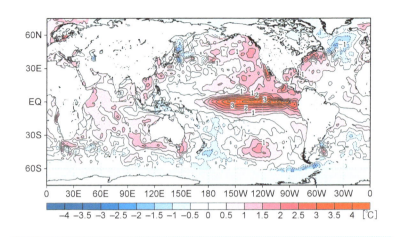

図8.8 エルニーニョ現象発生時の海面水温偏差分布（2015年11月）

　南米ペルー沖から熱帯太平洋東部にかけて、海水温が通常より数度上昇した状態が半年以上持続する現象を、一般にエルニーニョ現象と呼んでいます。「エルニーニョ」はスペイン語で「神の子」を意味し、元々は毎年クリスマス頃に見られるペルー沖の暖かい南下流を指していました。図8.8は、2015年11月を例にして、エルニーニョ現象最盛期の海水温について平年からの偏差の分布を示したものです。上に述べたように、東部から中部赤道太平洋にかけては平年は水温躍層が浅く海水温が低いので、平年より数℃高い正偏差の領域が赤道に沿って東西に拡がる分布となります。このような特徴を持つ海域をエルニーニョ監視海域と定義して、世界各国の気象機関が常時モニタリングを行っています。

## 2 ENSO現象

　前章で少し説明したように、エルニーニョ現象が発生すると、熱帯太平洋の海水温の東西勾配が小さくなるので、ウォーカー循環が弱まります。逆に、東部熱帯太平洋で平年より海水温が低い状態が続く**ラニーニャ（La Niña）現象**が発生すると、海水温の東西勾配が大きくなるので、ウォーカー循環も強まります。エルニーニョ現象とラニーニャ現象が交互に繰り返されると、対応してウォーカー循環も強弱を繰り返しま

す。このウォーカー循環の変動を**南方振動**（Southern Oscillation）と呼びます。

このように、海洋も大気も熱帯太平洋域では東西非対称が顕著なときは、ラニーニャ現象の発生かつウォーカー循環の強化、反対に東西非対称が不明瞭なときは、エルニーニョ現象の発生かつウォーカー循環の弱化が見られます。つまり、エルニーニョ現象・ラニーニャ現象と南方振動は、大気海洋相互作用の1つの現象の海洋側と大気側の変化を別々に見ているに過ぎないと考えられるのです。そこで、両者の頭文字をとって**ENSO（エンソ）現象**と呼ぶ場合が多くなっています。

### 3 エルニーニョ現象・ラニーニャ現象の発生頻度

図8.9はエルニーニョ監視海域（東部赤道太平洋）の過去60年間の海水温変動を示しています。平年値に比べて、−2℃程度の負偏差から+2.5℃の正偏差まで、2年から5年程度の間隔で水温が大きく変動していることがわかります。この図では、顕著なエルニーニョ現象、ラニーニャ現象が発生した年には年号がつけられています。20世紀最大のエルニーニョ現象は1997−98年に発生しました。大規模なエルニーニョ

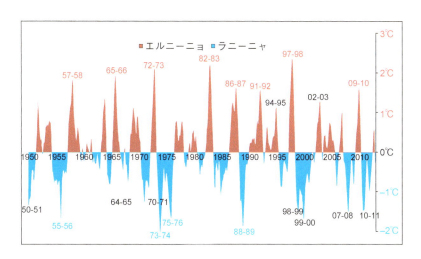

図8.9 エルニーニョ監視海域の海面水温変動

現象は、その年の世界の年平均気温の上昇にも寄与します。また、エルニーニョ現象やラニーニャ現象が発生すると、しばしば世界各地で異常気象が頻発します。熱帯太平洋の現象なのに、なぜ世界各地の天候や気象に影響を与えることができるのでしょうか。その理由については、12章で詳しく見ていきます。

　エルニーニョ現象・ラニーニャ現象の発生頻度や規模は長期的には大きく変化していないのでしょうか。残念ながら、20世紀前半以前の海水温の観測データは非常に限られているため、過去にどのような規模のエルニーニョ現象やラニーニャ現象が発生してきたかを知るのは容易ではありません。現在、サンゴ礁の年輪などから過去のエルニーニョ現象やラニーニャ現象を復元する研究が精力的に進められており、古気候や現代の地球温暖化の研究に大きく貢献することが期待されています。

## 8.4　熱帯インド洋の大気海洋相互作用

　熱帯インド洋でも、エルニーニョと似たような現象が起きることが最近わかってきました。**インド洋ダイポール現象**と呼ばれているこの現象は、一体どのようなものなのでしょうか。

　**図8.10**は、インド洋ダイポール発生時の海面水温と海上風について、平年からの偏差の分布を示したものです。5月から8月にかけて、インドネシア沿岸海域を中心に水温が下がり始めます。また、ほぼ同時に、アラビア海を中心とした熱帯インド洋西部で水温の高い領域の拡大が見られます。このような東西で対照的な海水温偏差の分布は、9〜10月に最も顕著になります。海上風の分布を見ても、熱帯インド洋上で東風の偏差が秋季に最も明瞭です。その後冬季にかけて、海水温偏差や海上風偏差は徐々に衰退していきます。インド洋の東部と西部で海水温偏差の双極構造が特徴的なことから、ダイポール現象（ダイポール〈dipole〉は「双極」の意味）と名付けられました。

　北半球の秋季の熱帯インド洋の海水温は通常、東部で高く西部で低く

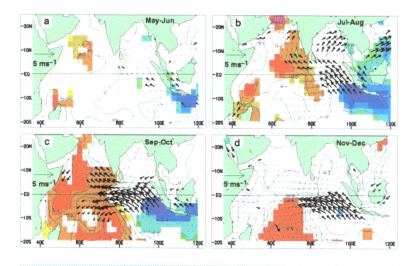

**図8.10** インド洋ダイポール現象の時間発展（5月〜12月）

陰影は海面水温偏差、矢印は海上風偏差を示す。
出典：Saji *et al.* (1999)

なっています。それに対応して、水温躍層の深さも東部で深く西部で浅くなっています。積雲対流活動も水温の高い東部で活発で、水温の低い西部で不活発です。つまり、熱帯太平洋と正反対の特徴を持ちます。しかし、**図8.10**を改めて見るとわかるように、インド洋ダイポール現象は、海面水温や水温躍層の東西非対称分布を弱める方向に働きます。東西非対称性が大きく崩れて不明瞭になるという点では、エルニーニョ現象とよく似ているのです。

　ダイポール現象に伴う積雲対流活動の変化を通して、インド洋上の**熱帯東西循環**も変わります。その影響はインド洋に面した国々の気象に及び、豪雨や干ばつなどの気象災害がしばしば発生します。

## 8.5　中緯度の大気海洋相互作用

　北半球の中緯度では、黒潮とメキシコ湾流が西岸境界流として有名で

す。2つの海流は共に暖流であり、冬季の寒冷な気候を緩和する役割を担っています。本節では、黒潮が日本の気象や気候にどのような影響を与えているのかを考えます。

## 1 黒潮の役割

　北西太平洋では、暖流の黒潮とその下流にあたる黒潮続流（房総半島以東の流れ）が、低緯度海域から中緯度へ多量の熱を輸送しています。冬季には、その暖流上に北西季節風が吹き出してくるため、多量の熱・水蒸気が海面から大気へ供給されます。**図8.11**に冬季平均の海面熱フラックスの分布を示しました。日本南岸の黒潮に沿って熱フラックスの極大域が拡がっており、その最大値は500 W/m$^2$ ほどにもなります。地表面から大気へ放出される熱（顕熱と潜熱）は地球全体で平均すると100 W/m$^2$ 程度であることを考えれば、黒潮が流れる日本付近がいかに特異な地域かがわかるでしょう。

　冬季には、暖流の存在が日本付近の南北温度勾配、すなわち下層大気

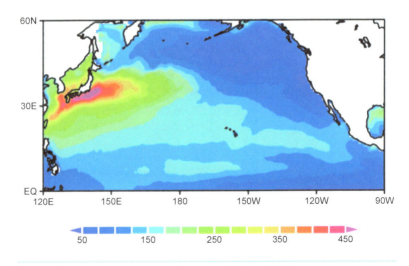

図8.11 冬季平均海面熱フラックス（単位：W/m$^2$）の空間分布

正値は海洋から大気への熱の流れを表す。
出典：東北大学杉本周作博士作成

の傾圧性を強める役割を果たしています。傾圧性の強化は、温帯低気圧の発生・発達に好都合な環境をもたらします。図8.12aは、日本付近を発達しながら通過していった温帯低気圧の経路を、1982年から2009年までの期間の1月について示したものです。日本海で発達する低気圧と黒潮上で発達する低気圧（いわゆる南岸低気圧）が見られます。図8.12bは、海面水温の水平温度勾配と低気圧が発達しやすい領域（下層傾圧性の指標であるEadyの擾乱最大成長率の分布）とを重ね合わせた

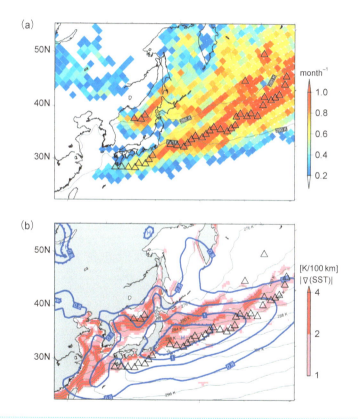

**図8.12 1月における日本付近の温帯低気圧活動とその環境場**
(a) 1月の日本周辺で発達した温帯低気圧の経路頻度分布 △は主経路を示す
(b) Eadyの擾乱最大成長率の分布（青等値線）と海面水温水平勾配（陰影）
出典：Hayasaki and Kawamura（2012）

ものです。確かに東シナ海、日本海、そして日本の東方海域の水温勾配が大きい海域で、低気圧の発達しやすい環境場が形成されていることがわかります。

特に黒潮・黒潮続流上で低気圧が急発達する観測事例が数多いことはよく知られています。下層傾圧性が強いことはもちろんですが、低気圧が黒潮・黒潮続流上を進むため、暖流から蒸発した水蒸気が潜熱解放することで、低気圧の急発達に大きく寄与している点も重要です。

## 2 黒潮の大蛇行と渦

黒潮は時に、大きく蛇行することがよく知られています。**図8.13**は、(a) 大蛇行時と (b) 非蛇行時に分けて黒潮の流路を描いたものです。東海沖を中心に大きく蛇行する場合が多いですが、蛇行パターンは複雑

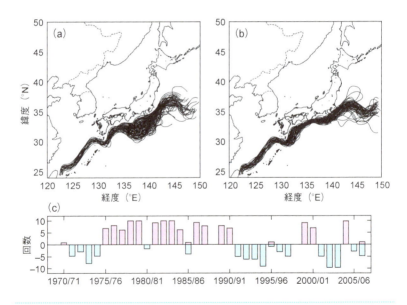

**図8.13** 黒潮の大蛇行とその発生頻度

（上図）黒潮の (a) 大蛇行流路と (b) 直進流路
（下図 (c)）大蛇行流路（正の値）と直進流路（負の値）の発生頻度の経年変動
出典：Nakamura *et al.*（2012）を一部改変

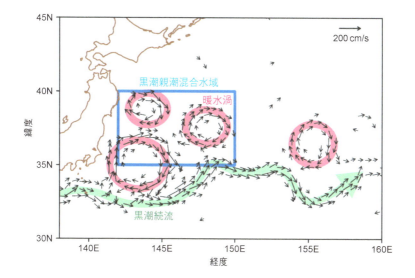

**図8.14** 1999年1月20日の黒潮続流の流れと暖水渦

出典：東北大学杉本周作博士作成

です。**図8.13**の（c）には、過去に起こった大蛇行の回数を時系列で示しました。これを見ると、1970年代半ばから1980年代末までは頻繁に大蛇行が発生していたのに対して、最近は大蛇行の発生頻度が低くなっていることがわかります。このような長期的な変動傾向が生じる理由は、まだよくわかっていません。

　黒潮続流も、流路が直線的な安定期と蛇行を繰り返す不安定期があります。不安定期には、黒潮続流から切り離された海洋の渦が多く見られます。例として、不安定期にあたる1999年1月20日の海面の流れを、**図8.14**に示しました。黒潮続流の北側には直径数百kmの時計回りの渦が複数個ありますが、これらの渦は黒潮続流から切り離されたものです。渦の厚さは500mを超えます。時計回りの渦の中心では海面が盛り上がって、内部で水圧が高くなっています。周囲に比べて水圧が高いため、外向きに水平圧力傾度力が働いて、中心から周囲へ向かう流れが誘起されます。ただし、北半球の場合はコリオリ力が流れの直角右向きに作用

するので、中心から周囲への流れは時計回りの流れになります。このように、圧力傾度力とコリオリ力の働きを考えると、渦が時計回りになる理由を説明できます。

　上で、渦の中心で海面が盛り上がっていると述べましたが、本来、そのためには、渦の内部に密度の低い（軽い）海水が必要です。海水の密度は水温と塩分に依存しますが、塩分がほとんど変わらない条件では、水温に大きく左右されます。**図8.14**の時計回りの渦は元々暖かい黒潮続流から切り離された流れなので、水温は周囲より高くなっています。つまり、**暖水渦**です。この図では見られませんが、海域や時期によっては、渦の中心で海面が下がっている反時計回りの渦（**冷水渦**）も存在します。

　**図8.14**に見られるような、水平スケールが100〜500 km程度、海面高度差が数十cm程度の渦は**中規模渦**と呼ばれ、海洋の至る所に存在しているのです。海洋の中規模渦は、大気現象における総観スケールの高気圧・低気圧に対応します。ただし、大気の高低気圧の渦の水平スケールは数千km程度なので、海洋の中規模渦はスケールが1桁も小さな現象です。海洋と大気で渦の空間スケールが大きく異なるのは、両者の流速がちがうからです。

　黒潮の大蛇行時には東海沖で冷水渦が出現し、水温変化により漁場が移動するなど、水産業にも大きな影響があります。また、黒潮が大蛇行すると、冬季の南岸低気圧の発達経路は南へ偏る傾向にあることが最近の研究で指摘されています。また、黒潮続流から切り離された複数個の暖水渦がその海域の海水温を上昇させ、発達する南岸低気圧の中心付近の強風分布にも影響を与えるなどの報告も、最近なされました。これらは、海流の蛇行や中規模渦の振舞いが、温帯低気圧の活動にも有意な影響を与えている可能性を示唆するものです。

Introduction to **Meteorology**

第 **II** 部 | **大気の現象論**

# 第**9**章　成層圏の大気現象

　対流圏の上に拡がる成層圏は、私達には馴染みが薄い大気圏です。もちろん、ジェット旅客機に乗れば下部成層圏に入ることができますが、窓越しに空を覗くぐらいで、肌で感じることはできません。対流圏ではありふれた雲や降水の現象は、成層圏ではほとんど見られません。

　本章では、成層圏独特の現象について解説していきます。読み進むにつれて、成層圏と対流圏は密接に関連していることがわかってくるはずです。成層圏の大気循環のキーワードは大気波動とオゾンです。これらが影響して、成層圏で大変興味深い現象が生じています。

## 9.1　成層圏の大循環

　ここまで、対流圏の大気循環としてハドレー循環、ウォーカー循環、モンスーン循環などを紹介してきました。いずれも、水蒸気の凝結による潜熱が循環の駆動源として重要な働きをしています（第7章参照）。成層圏でも大気の循環は起きています。成層圏では一体どのような循環が存在し、各々の循環の駆動源は何なのでしょうか。

### 1　成層圏と対流圏の境界

　まず、成層圏と対流圏の境界がどこにあるか考えてみましょう。すでに第2章で学んだように、各大気圏は気温の鉛直分布に基づいて区分されています。**図9.1**に温位の鉛直分布を示しました。成層圏では高度とともに温位が高くなっており、対流圏にくらべて大気が安定しているこ

141

第II部 大気の現象論　第9章 成層圏の大気現象

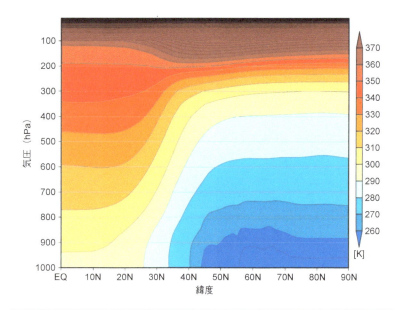

**図9.1** 東経135°に沿った温位（単位：K）の緯度－高度断面（1月気候値）

10 hPa面まで描画。

**写真9.1** かなとこ雲

とが明らかです。そして、等温位線の密集が始まるところが、成層圏と対流圏を分かつ対流圏界面にあたります。

温位勾配が非常に大きいということは、そこに強い安定層があることを意味します（温位勾配と大気の安定度との関係については、5.5節を参照）。実際、対流圏界面まで到達するほど活発な積乱雲でも、圏界面を越えて成層圏に貫入するのは容易ではありません。たとえ一時的に貫入したとしても、個々の積乱雲の寿命が短いこともあり、すぐに弱まって水平方向に雲がたなびくことになります。圏界面付近で水平方向にたなびいた雲は、俗に「かなとこ雲」（**写真9.1**）と呼ばれています。

## 2 半球間の大規模対流現象

このように強い安定層で特徴づけられる成層圏では、大気の循環はほとんどないと思われるかもしれません。しかし、対流圏とは大きく異なる成層圏特有の循環が存在しています。そして、成層圏の大気循環は気温分布と密接に関連します。その関連性を理解するために、1月における気温と東西風の緯度－高度断面図（**図9.2**）を見てみましょう。

まず気温分布（**図9.2a**）に注目すると、高度20〜65 kmでは、北半球で低温、南半球で高温になっています。図は省略しますが、7月には気温の南北分布がほぼ反転します。つまり、成層圏では冬半球が低温、夏半球が高温という特徴を持つのです。このような温度分布の理由は、半球間に存在する放射収支の不均衡です。夏半球ではオゾンによる太陽放射（特に紫外線）の吸収量が赤外放射による冷却量より多いので正味で「加熱」、冬半球では太陽放射の吸収量は放射冷却より少ないので「冷却」されます。こうして夏半球と冬半球の間で放射収支に不均衡が生じます。この不均衡を解消しようとして、半球間の大規模対流現象が生じることになるのです。具体的には、高温の夏半球で空気は上昇し冬半球へ向かい、低温の冬半球では空気は下降し夏半球へ向かいます。

成層圏における大きな対流現象について、さらに詳しく見ていきましょう。とくに成層圏上層と下層での流れの違いは重要です。1月には、成層圏の上層に夏半球（南半球）から冬半球（北半球）へ向かう北向き

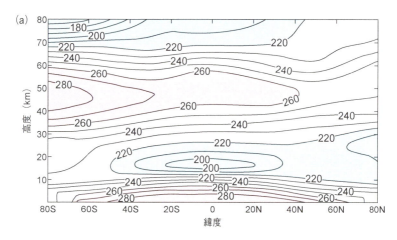

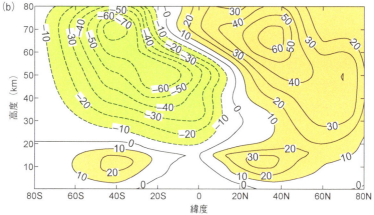

**図9.2　成層圏の気温と東西風の緯度・高度分布**

(a) 1月の月平均気温（K）
(b) 1月の月平均東西風（m/s）西風は正、東風は負の値を示す。

の流れが生じます。この流れにはコリオリ力が働きますが、その向きは南半球では直角左向き、北半球では反対に直角右向きです。結果的に、南半球では東風、北半球では西風が生ずることになります。一方、下層の南向きの流れにも同様にコリオリ力が働きます。

　ただし、高度20〜65 kmの大気層では、上層と下層の空気の密度に3

桁ほどの違いがあることに注意が必要です。半球間の循環において、上層の北向きの流れは（空気の密度が低いために）層が厚く強い流れになり、下層の南向きの流れは（空気の密度が高いために）層がとても薄く弱い流れになります（これにより、空気の質量輸送において収支が合います）。図9.2bを見ると、確かに成層圏の南半球では東風、北半球では西風が卓越していることがわかります。下層の南向きの流れに対応する北半球の東風と南半球の西風は、この図では全く見えません。また、風速の極大は高度65km付近にあります。これは、第4章の温度風のところで学んだ知識で説明できます。南半球から北半球へ向かって負の温度勾配があるため、温度風の関係で、北半球では上空ほど西風が強くなり、南半球では上空ほど東風が強くなるからです。

### 3 成層圏天気図

図9.3は、北半球における30hPa面の高度分布図を1月と7月で比較したものです。図9.2bのところで説明したように、夏半球（北半球夏季）の成層圏では東風が卓越しているはずです。確かに7月の成層圏天

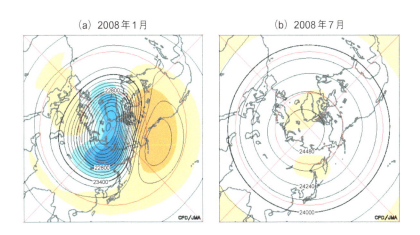

図9.3 北半球30hPa面の高度とその平年偏差の分布（(a) 2008年1月、(b) 2008年7月）
等値線間隔は120m、陰影は平年からの差を表す。
出典：気象庁

気図（**図9.3b**）は北極を中心に同心円状の高気圧が発達しており、東寄りの地衡風が吹いていることが読み取れます。

一方、1月（**図9.3a**）の成層圏天気図では北極を中心に低気圧が形成され、西寄りの地衡風が吹くので、冬半球（北半球冬季）での西風の卓越を示している**図9.2b**と矛盾しません。左図をよく観察すると、1月の低気圧の渦は同心円状ではなく、等高度線も混んでいたりゆがんでいたりします。等高度線が混んでいるところでは西風ジェット（極夜ジェット）が吹いています。つまり、この等高度線のゆがみは、成層圏のジェット気流が大きく蛇行していることを意味します。

## 4 ブリューワー・ドブソン循環

今度は成層圏下端に目を向けましょう。**図9.4**は対流圏界面付近にお

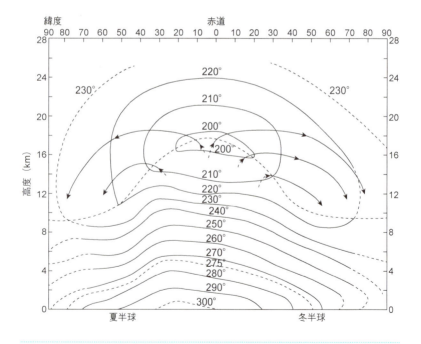

**図9.4** 対流圏界面付近の気温（K）の緯度－高度断面図

出典：Brewer（1949）を改変

ける気温の緯度－高度断面図です。赤道上空の高度十数km～20kmの層では気温が周囲に比べて低くなっており、両半球の高緯度側でむしろ高くなっています。対流圏とは正反対の南北温度勾配です。これをもたらしているのは、**ブリューワー・ドブソン循環**と呼ばれる子午面循環（図中の矢印の流れ）です。成層圏下端付近では低緯度から両極へ向かう流れが生じ、低緯度では流れが発散するので上昇流、高緯度ではこれを補う下降流が生じます。この子午面循環によって、低緯度では断熱冷却が働き低温になり、高緯度では断熱昇温が起こり高温になります。その結果として、対流圏とは逆の南北気温勾配が生じるというわけです。

ブリューワー・ドブソン循環は重要な役割を担っています。**図9.4**に描かれているように、熱帯で対流圏から成層圏に貫入した空気を中高緯度の下部成層圏の広範囲に運んでいるのです。ブリューワー・ドブソン循環の影響が大きくなる状況の例として、熱帯で大規模な火山噴火が起き多量の火山性ガスが放出された場合を考えてみましょう。噴火後、火山性ガスに含まれる硫黄成分から硫酸塩の微粒子（硫酸エアロゾル）が形成されます。それらが熱帯上空の対流圏界面を越えて成層圏に入ると、ブリューワー・ドブソン循環にのって効率的に中高緯度の下部成層圏へ輸送されます。硫酸エアロゾルは全球規模で拡散するので、その日射を遮る日傘効果によって、地球の平均気温の一時的な低下がもたらされることになるのです。その実例は第13章で取り上げられています。

## 9.2 成層圏突然昇温

成層圏で生じる最も不思議な現象の1つは、**突然昇温**です。1952年にベルリン自由大学がおこなったラジオゾンデ観測によって、成層圏の気温が数日で40℃も上昇することが発見されました。本節では、この現象について詳しく見ていきます。

## 1 成層圏突然昇温とは

図9.5は、1970年11月から1972年11月における上部成層圏の気温変化で、(a) は北緯80度、(b) は南緯80度のデータです。同じ月のデータを比較しやすいよう、期間の前半（1970年11月〜1971年11月）と後半（1971年11月〜1972年11月）で、重ねてプロットしています。1972年2月に北緯80度で急激な昇温が生じています。これがまさに突然昇温です。1971年の同時期と比べると、気温差は60℃以上にもなります。一方、同時期の南緯80度ではそのような昇温は見られず、北半球極域だけに突然昇温が生じていることがわかります。

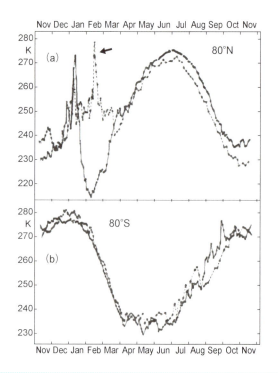

**図9.5 上部成層圏気温（K）の季節変化**

(a) 北緯80度、(b) 南緯80度
実線は1970年11月〜1971年11月、点線は1971年11月〜1972年11月
出典：Labitzke（1974）を一部改変

データを詳しく調べていくと、気温上昇のピークが下層ほど遅れていたことから、突然昇温の原因は成層圏より高いところにあると考えられました。具体的に、磁気嵐とかオーロラなどの太陽活動に起因する現象が原因ではないかと、初期には推測されたのです。しかし実際には、突然昇温の原因はもっと低いところにありました。

成層圏突然昇温の原因は実は、対流圏から上方に伝播してきた惑星規模の大気波動（具体的にはロスビー波）だと考えられています。ロスビー波については第12章で詳しく説明します。ここではまず始めに、ロスビー波を含む大気波動が成層圏へ上方伝播すると、どのような現象が生じるのかを解説します。

## 2 波が持つ運動量の輸送と砕波現象

大気波動は波の種類や背景場によって異なりますが、水平方向にも鉛直方向にも伝播することができます。伝播する際には、波が持つ運動量を輸送します。対流圏から成層圏へ上方伝播する大気波動は、成層圏へ運動量（正確には角運動量）を輸送しているのです。

成層圏へ上方伝播するにつれて、成層圏の空気の密度の減少の影響を受けるため、波は増幅していきます。振幅が大きくなり過ぎて波の構造を保てなくなると、やがて波は砕けて（砕波して）しまいます。このような砕波現象は、海岸で大波が砕ける現象と本質的には同じです。砕波現象の重要な点は、砕波する波がもともと有していた運動量が、周囲の大気の流れに与えられることです。海岸の大波も砕けると、海水の流れが変わり、急に海水が陸地に深く侵入しますね。大波の持っていた運動量が海水の流れに与えられて、陸地へ向かう流れが生じたと解釈できます。

## 3 対流圏起源の大気波動が成層圏の子午面循環を励起する

北半球冬季の対流圏でブロッキング現象（7.2節参照）などが発生すると、それが引き金となって、大気波動の一種であるロスビー波が一時的に増幅し、成層圏まで伝播していきます。別の説明をすれば、ブロッ

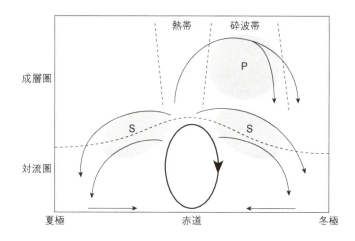

**図9.6** 大気波動によって励起される成層圏の子午面循環（細い矢印）

陰影は砕波の領域で、Sは傾圧不安定波、Pはロスビー波である。熱帯対流圏の太い矢印はハドレー循環を示す。
出典：Plumb（2002）を改変

　キングによって偏西風が減速させられ（ブレーキが生じる）、そのブレーキの影響（西向きの運動量）がロスビー波を介して成層圏に運ばれるのです。西風が卓越する北半球冬季の成層圏でロスビー波が砕波すると、ロスビー波がもともと持っていた西向きの運動量が周囲の大気に与えられ、西風が大きく減速します。

　西風の減速によって地衡風のバランスが崩れると、気圧傾度力がコリオリ力より勝り、北向きの流れが発生します（子午面循環が励起されます）。図9.6の成層圏に描かれた北へ向かう矢印がそれです。北極付近で流れが収束するので、大部分の空気は下層へ移動することになります。この極域での下降流がもたらした断熱昇温が、すなわち成層圏での突然昇温の実体であることが見出されました。

　このように成層圏突然昇温は、ロスビー波という惑星規模の大気波動が上方伝播して、成層圏における子午面循環を励起した結果として生じています。大気波動が成層圏の子午面循環を励起するという意味では、ブリューワー・ドブソン循環も大気波動によって励起されています。成

層圏下端付近では低緯度から両極へ向かう流れがあたかも始めから存在しているような説明をしました。実は両半球中緯度の対流圏界面付近の偏西風が対流圏下層から伝播してきた大気波動で偏西風が減速し、同じように地衡風のバランスが崩れて、成層圏下端付近では低緯度から両極へ向かう南北流が生じているのです（**図9.6**）。ただし、原因となる大気波動は主に傾圧不安定波であると考えられています。

## 9.3 成層圏準2年振動

　成層圏で生じる不思議な現象としてもう1つ、**準2年振動**（Quasi-Biennial Oscillation：QBO）を紹介します。これは、赤道成層圏で観測される東風と西風の規則的な交替のことで、その周期はおよそ2年（平均約26カ月）であることがわかっています。**図9.7**は、赤道上空における月平均東西風の高度分布について、時間を追ってその変化を描いたものです。風速が20〜30 m/s程度の東風と西風が約1年ごとに交替していること、東風や西風の領域が時間と共に上層から下層へと移動していることがわかります。上層から変化が伝わってくるように見えるので、成層圏より上に原因があるように思われるかもしれません。実際には、QBOの原因も対流圏から成層圏へ伝播してくる波であると考えられています。その仕組みは次の通りです。

　赤道対流圏では積雲対流活動が活発で、水蒸気の凝結による潜熱が周

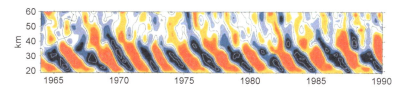

**図9.7 赤道上空の月平均東西風の高度分布**

赤色の陰影は西風、青色の陰影は東風を示す。等値線間隔は6 m/s。
出典：Bldwin *et al.*（2001）を一部改変

囲の大気を加熱しています。その潜熱加熱が熱源となって、コリオリ力が小さい赤道付近に特有の大気波動（重力波）が生じています。重力波には赤道沿いに西進する波と東進する波があります。そして、両者共に上方へも伝播する性質を持つため、西進（東進）波は西向き（東向き）の運動量を上方へ運ぶのです。ただし、波としての構造を保ちながら上方へ伝播するためには、赤道成層圏の平均流の流れの方向と逆向きの運動量を持つ必要があります。

　西進波は上方に伝播しながら増幅していき、ある高度で砕波が起こります。砕波によって、波の持つ西向き運動量がその付近の平均流（西風）に与えられて、西風が減速します。それが続くと、やがて上層から平均流が西風から東風へと反転していきます（**図9.8**）。そして、赤道成層圏の平均流が東風に変わってしまうと、今度は対流圏で生じた東進波が上方に伝播していきます。この時、西進波が励起されていても、同じ向きの流れである東風の中では減速（ブレーキ）が生じないので、ブレーキの影響は上方に伝わらず、結果として東進波だけが選択されます。

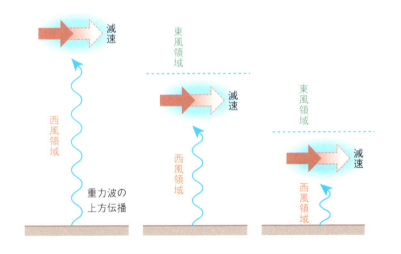

**図9.8　QBOの模式図**

赤道成層圏内の西風領域を重力波（西進波）が上方へ伝播し砕波すると、西風が減速し東風に変わっていくため、東風領域が下層に拡がっていく。

同様な仕組みで、東進波はある高度で砕波することで、波の持つ東向き運動量がその付近の平均流（東風）に与えられます。その運動量輸送によって東風が減速し、やがては上層から西風を作り始めます。これらの過程が繰り返されることで、QBOが生じると考えられています。

以上で見てきたように、成層圏のブリューワー・ドブソン循環、突然昇温、QBOと呼ばれる現象のすべてにおいて、対流圏から成層圏へ伝播する大気波動が重要な働きをしていました。そして、波動と平均流が相互に作用しあった結果として、成層圏特有の興味深い現象が生じているのです。

## 9.4 オゾン層とオゾンホール

第7章などで述べたとおり、対流圏の大規模循環には水蒸気（$H_2O$）が密接にかかわっています。水蒸気は相変化、すなわち凝結や蒸発の際に、周囲の大気を加熱したり冷却したりします。その効果がハドレー循環、ウォーカー循環、モンスーン循環の形成や変動に影響をおよぼしています。対照的に、成層圏の大気循環において重要な気体分子はオゾン（$O_3$）です。本節では、成層圏オゾンの働きや分布、そして生成・消滅の化学的メカニズムを学んでいきましょう。最後に、人間活動がもたらしたオゾン層の破壊について取り上げます。

### 1 成層圏オゾン層の働き

**図9.9**に、3月の各緯度におけるオゾン量の高度分布を示します。これを見るとわかるように、緯度によって異なりますが、オゾン分布の極大はおよそ高度15～30km付近にあります。対流圏内にもオゾンは存在しますが、オゾン全量の90%以上はこの範囲に集まっています。この成層圏に存在するオゾンの多い層を**オゾン層**と呼んでいます。オゾン層は、現在の地球環境の形成において重要な役割を果たしています。とくに生物にとっては、遺伝物質であるDNAを傷つける紫外線を太陽放射

から除去するバリアとしての働きを持ちます。

　オゾンは紫外線を吸収する性質を持っているため、周囲の大気を加熱します。このことは、成層圏気温が対流圏気温とは対照的に、高度と共に上昇する原因となっています（気温の鉛直分布は**図9.2**参照）。ここで、オゾン濃度が極大となる高度と気温極大の高度が一致しないことに気づくでしょう。この不一致の理由の1つは、成層圏の上層ほど空気の密度が小さい、すなわち熱容量が小さいことです。熱容量が小さいため、紫外線吸収による昇温効果は上層でより大きくなります。また、上層のオゾンによる吸収のため、下層ほど紫外線強度が減衰することも一因です。その結果、加熱率が最大となる高度はオゾン濃度が極大となる高度より上になります。

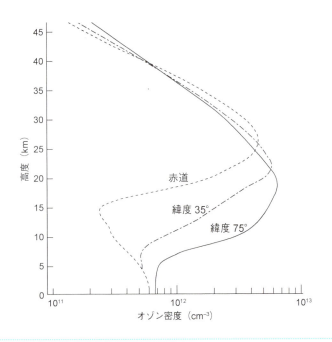

| **図9.9** | 各緯度におけるオゾン密度の高度分布（3月）

## 2 オゾンの地理的分布

図9.2で見たように、夏半球と冬半球の間で放射収支の不均衡が生じるそもそもの原因は、オゾンによる紫外線の吸収です。その不均衡を解消するために、半球間の大規模対流現象が生じています。つまり、オゾンによる紫外線吸収が成層圏循環の重要なエネルギー源になっているのです。

図9.10はオゾン全量の緯度変化（縦軸）と季節変化（横軸）を示しています。一目でわかるように、オゾンは低緯度で少なく高緯度で多いという特徴を持っています。また、両半球の高緯度においては、春に多く秋に少ないという季節変化が見られます。このようなオゾン全量の分布を形づくるうえでは、オゾンの生成・分解だけではなく成層圏循環によるオゾンの輸送も重要です。

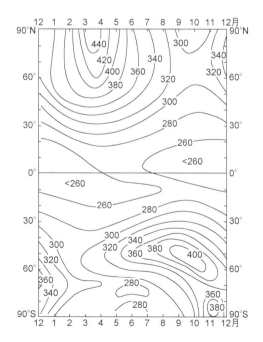

**図9.10** オゾン全量の緯度変化（縦軸）と季節変化（横軸）

単位はm atm-cm（ミリアトムセンチメートル）。 出典：Dutsch（1971）

図**9.9**で示されているように、オゾンは下部成層圏に多く分布しているため、ブリューワー・ドブソン循環の影響を強く受けます。熱帯域では、強い紫外線による光化学反応でオゾンが生成されます。それが、ブリューワー・ドブソン循環によって高緯度へ輸送され、高緯度では下降流に乗って沈降します。図**9.9**を改めて見てみると、北半球でオゾンが多い春季（3月）には、オゾン濃度の極大の高度が赤道に比べて緯度75°では低くなっていることがわかります。高緯度でのオゾンの沈降がこのような分布を作り出しているのです。

### 3 オゾン層の維持機構

オゾン層の形成と維持には紫外線による光化学反応が寄与しています。その反応は、以下の化学反応式に簡潔にまとめることができます。

$$O_2 + photon \rightarrow O + O \tag{9.1}$$

$$O_2 + O + M \rightarrow O_3 + M \tag{9.2}$$

$$O_3 + photon \rightarrow O_2 + O \tag{9.3}$$

ここで、photonは紫外線の光子エネルギーを意味します。（9.1）式は強い紫外線を受けて1個の酸素分子が2個の酸素原子に光解離する反応を表しています。解離された酸素原子は周囲の酸素分子と反応して、オゾン分子を作ります（（9.2）式）。（9.2）式に登場したMは、オゾンの生成によって生じた多くの熱エネルギーを受け取り、取り去ってくれる第3の分子（窒素や酸素など）です。生成されたオゾン分子は、再び紫外線によって酸素分子と酸素原子に光解離されてしまいます（（9.3）式）。

（9.3）式の化学反応は成層圏からオゾンを減らす方向に働きますが、（9.2）式の反応はオゾンを増やします。両式が表す化学反応による成層圏オゾンの生成と分解の繰り返しが、$O, O_2, O_3$の濃度を安定に保っているのです。また、（9.1）式の反応は主に上部成層圏で活発ですが、（9.2）式で示される3個の粒子の衝突確率は、空気の密度が大きい下部成層圏で増大します。（9.1）式と（9.2）式の反応の兼ね合いで、オゾン層の平均的な高度が決まっているのです。

## 4 オゾン層の破壊

先に3つの化学反応式をあげましたが、これら以外にオゾンを破壊するような触媒反応もあります。触媒として作用するのは、一酸化窒素 (NO) や塩素原子 (Cl) などです。これらの反応も考慮すると、観測されるオゾンの高度分布をかなり正確に再現できることがわかっています。さてここでは、塩素原子が触媒するオゾンの破壊反応に注目しましょう。人為起源の塩素原子が成層圏オゾンを破壊することがわかっているため、この反応について理解することは非常に重要です。

一般にフロンガスと呼ばれていたクロロフルオロカーボン類 (CFCs) は人工物質で、塩素を含んでいます。化学的に非常に安定なため、大気中に排出されると長期間滞留して、対流圏から徐々に成層圏内へ拡散します。上部成層圏に達したCFCsは強い紫外線を浴び、その結果、塩素原子 (Cl) が光解離します。光解離した塩素原子がオゾン分子に遭遇すると、次式で表される触媒反応を起こします。

$$Cl + O_3 \rightarrow ClO + O_2 \tag{9.4}$$

$$ClO + O \rightarrow Cl + O_2 \tag{9.5}$$

塩素原子とオゾン分子は互いに反応して、一酸化塩素 (ClO) と酸素分子を生成します ((9.4) 式)。生成された一酸化塩素は酸素原子と反応して酸素分子を作り、塩素原子に戻ります ((9.5) 式)。塩素原子はあくまでも触媒として働き、正味の結果として、

$$O_3 + O \rightarrow 2O_2 \tag{9.6}$$

という反応が生じることになります。つまり、オゾンを消滅させる触媒反応です。このサイクルは連鎖的に繰り返されるため、たった1つの塩素原子が数万個のオゾン分子を分解することができます。

## 5 オゾンホール

人為起源のCFCsの排出によるオゾン層の破壊が一躍注目を集めたきっかけは、1984年の**オゾンホール**の発見です。オゾンホールの発見には南極昭和基地でのオゾンゾンデ観測が大きな貢献を果たしました。**図9.11**は、1979年と2014年の10月の南半球のオゾン全量の分布図です。

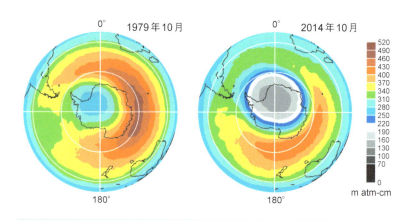

| 図9.11 | 10月の南半球のオゾン全量の分布図（1979年と2014年）

出典：気象庁（アメリカ航空宇宙局（NASA）の衛星観測データを基に作成）

　1979年と比べると、2014年には南極上空のオゾンが極端に減少していることがよくわかります。減少域が同心円状に広がっていることから、オゾンホールと呼ばれました。オゾンの局所的な減少は、その地域に降り注ぐ紫外線量を増加させます。

　オゾンホールの発見後しばらくは、その成因は全くわかりませんでしたが、1990年代半ばに以下の仮説が提唱されました。南極上空の成層圏では極渦（低気圧性の巨大な渦）が発達し、冬季には気温がおよそ$-90°C$まで低下します。その極低温下で微量の水蒸気や硝酸などが昇華して、極域成層圏雲（Polar Stratospheric Clouds：PSCs）と呼ばれる氷晶の雲を作ります。氷晶表面では、普通は起こりにくい化学反応が容易に起こり（不均質系化学反応）、比較的安定な化合物[※]から塩素分子（$Cl_2$）が下部成層圏に放出されます。塩素分子は光解離を受けてオゾンを破壊する塩素原子を放出するので、結果的に、(9.6) 式のオゾン分解反応が一層強まっていきます。つまり、PSCsの存在によって、下部成層圏でもオゾン層の破壊が進行するのです。PSCsが出現する高度は、

---

[※] 安定な気体である塩化水素（$HCl$）や硝酸塩素（$ClONO_2$）のこと。上部成層圏で光解離した一酸化塩素（$ClO$）の大部分が、これらに変化する。

南極でオゾンの著しい減少が見られる大気層の高度（12 km から 22 km）と一致します。

　PSCsの形成には極低温の環境が必要ですが、一方、塩素分子の光解離には強い紫外線が必要です。南極上空で極低温と強い紫外線という2つの条件がそろうのは、季節の遷移期である9月、10月（南半球ではオゾン全量の極大期は春季）で、この時期に最もオゾン層の破壊が進みやすくなります。実際にオゾンホールの発生もその季節に限定される傾向があります。

　同様な環境は3月、4月の北極海上空にも当てはまりそうですが、南極に比べて北極のオゾンホールは明瞭ではありません。この原因として、北半球の複雑な海陸分布や山岳の存在が考えられます。地形などの効果で生じたロスビー波（ロスビー波の成因については、12章で詳しく説明します）が成層圏に伝播して極渦を弱めるため、北極上空は南極上空ほど極端に気温が低下することがありません。したがって、PSCsが形成されにくい環境になっているのです。

Introduction to **Meteorology**

第**III**部 | 最先端の気象学

# 第**10**章　大気と海洋の観測

　気象観測は気象学の基本です。11章で述べる天気予報を行う際のモデル計算は計算開始時点における気象状態を、観測を通して把握することにより初めて可能となります。また、13章で述べる気候変動研究も100年以上にわたる長期間の気象観測によって、大気や海洋がどのように変動しているかを解明できたのです。

　気象観測の対象には、気温、湿度、風向風速、気圧、他にもいろいろなものがあります。ここでは、これらの観測方法を見ていきましょう。なお、気象観測の方法は、国連の下にある**世界気象機関**（World Meteorological Organization：WMO）によって細かく定められています。これは、世界中で実施された観測結果の比較を可能にするためです。世界気象機関が定める統一的な観測方法についても、本章で解説します。

## 10.1　気象観測のための機器

　気象観測において最も基本的な機器は温度計と湿度計です。これらは重要であると同時に、取り扱いも簡単で非常に身近な機器です。温度計が置いてある家庭も多いと思います。気圧計や風向計・風速計は仕組みがちょっと複雑で見かけることは少ないですが、天気図上での高気圧や低気圧の位置や移動方向は、気圧計や風向計・風速計による観測が各地から集まって初めてわかることです。ここでは、気象観測のための機器について学びます。温度計・湿度計については、読者の皆さんにも身近なものなので、その説明は他書に譲ることにして、気圧計の説明から始めます。

160

## 1 気圧計：アネロイド式・水銀柱

イタリアの物理学者トリチェリ（Evangelista Torricelli、1608～1647）が大気の圧力と釣り合う水銀柱の高さの観測から大気圧を観測したことは、中学校の理科の教科書にも出てきますね。トリチェリは、大気圧が760 mmHg（SI単位に直すと1013 hPa）であることも発見しました。このトリチェリの観測方法を応用したのが水銀柱気圧計です。水銀柱気圧計は次に紹介するアネロイド型気圧計に比べて測定精度が高く、その誤差は0.1 hPa以下です。そのため、世界中の気象観測でよく使われています。ただし、気圧計自体が大きく、またメンテナンスもかなり大変です。そのうえ、水銀は人体に有害な物質でもあるので、慎重に取り扱う必要があります。

そのため、取り扱いの簡単なアネロイド型気圧計もよく使われています。アネロイド型気圧計は、真空の金属の箱を用意して、気圧の変化に応じてその箱がどれくらい凹んだか・膨らんだかを測定するものです。高精度ではあるけれど扱いづらい水銀柱気圧計と、精度はそれほどではないけれども扱いやすいアネロイド型気圧計、どちらも一長一短あります。そこで、水銀柱気圧計を校正用基準器として利用し、日常の気圧観測はアネロイド型気圧計で行うことも多いようです。

## 2 風向風速計

次に風の観測について解説します。まず、風向と風速の単位です。風向とは、風がどの方角から吹いてくるかを示すものです。風速の単位としては、国内ではm/sを用いています。国際的には風速の単位としてノット（ktと表します）を使うことになっています。1 ktは、1時間に1海里（1852 m）進む速さで、1 m/s＝1.944 ktです。おおざっぱには、1 m/sが2 ktに対応すると思えばいいでしょう。

さて、風向と風速はどのように観測するのでしょうか。以前は風向と風速は別々の測器で測っていましたが、最近では風向と風速を同時に測る**風向風速計**が一般的です。

その例として、流線型の胴体の先端にプロペラを取り付けた風車型風

| 図10.1 | 風車型風向風速計

出典：気象庁

向風速計を紹介しましょう（**図10.1**）。胴体の後部には垂直尾翼がつけられていて、胴体が常に風上を向くようになっていて、その向きから風向がわかります。また風速はプロペラの回転数から計算できます。

さらに高精度な風向風速計として、超音波風向風速計が挙げられます。これは、空気中を伝わる音波の速度が風速により変化することを利用したものです。東西方向と南北方向に20 cm位の間隔で超音波の送信機・受信機が配置されていて、送信機から送られた超音波を受信機が受け取るのにかかった時間から、東西方向の風速と南北方向の風速を計算し、風向風速に変換します。超音波を使う理由は、周囲の雑音の影響を避けるためです。

ところで、みなさんが日ごろ肌で感じているように、風は常に一定の風向風速ではなく、常に変化しています。そのため、瞬間値と平均値とを分けて使う必要があります。気象庁では、3秒間の平均値を瞬間風向風速、10分間の平均値を平均風向風速として使っています。この10分平均というのは、世界気象機関が風向風速を観測する場合の平均間隔と

して定めたものです。しかし、この世界気象機関の方針に従っていない国もあります。たとえば、アメリカでは平均間隔として1分を使っています。1分平均風速は10分平均風速に比べて10〜15％くらい強くなることが経験的に知られています。そのため、各地の風速値を比較する場合には、何分平均の値なのかに注意が必要です。

## 10.2 地上での気象観測

　陸上で観測する場合、観測機器を設置する場所の選定が非常に重要です。複数の地点の観測値同士を比較するためには、同じ条件の下で観測する必要があります。たとえば、気温の観測では世界気象機関が、日射の影響を受けないこと、通風しが良いこと、地面は芝生にして地面からの照り返しが少ないこと、地上1〜2mで測ること、などを定めています。

　風向・風速については、世界気象機関は地上10mの高さで測ることを標準としています。ただし、大都市では10mの高さではビル群に囲まれてしまい、風速が弱くなります。そのため、都市部ではビルの影響を避けるため、非常に高い塔やビルの屋上に風向風速計を取り付けることが多くなりました。

　標高が変わると気圧も変化します。したがって、複数の気圧観測値を直接比較するためには、各観測所の標高を揃える必要があります。そこで、測定した気圧を標高0mの値に換算することになっており、この換算値を**海面更正気圧**と呼びます。天気予報で見かける天気図の等圧線も海面更正気圧を基にして作図されています。海面更正気圧$P_0$は第5章の測高と同様に計算できます。

$$P_0 = P \exp(gZ/RT)$$

ここで、$P$は気圧の測定値（hPa）、$g$は重力加速度（標準的には$9.80665\,\mathrm{m/s^2}$）、$Z$は標高（m）、$R$は乾燥空気の気体定数（$=287.05\,\mathrm{m^2/(s^2\,K)}$）、$T$は気温（K）です。

　多くの都道府県庁所在地には地方気象台が置かれています。地方気象

台では気温・気圧・降水量・風向風速、他にもさまざまな気象観測を有人で行っています。ただし、地方気象台は全国で約50カ所しかありません。地方気象台を補うものとして、**アメダス**（地域気象観測システム：Automated Meteorological Data Acquisition System）があります。アメダスは無人の観測所で全国に約1300カ所あり、気温・降水量・風向風速・日照時間を観測して電話回線を通してその観測値を東京のアメダスセンターへ送っています。

## 10.3 高層観測

　これまでお話してきたのは地表面付近の大気の観測ですが、上空の大気を観測する**高層観測**も行われています。通常、高層観測では、温度計や湿度計・気圧計をぶら下げた風船を飛ばし、上昇途中にいろいろな高さの温度や湿度・気圧を測定します。この風船にぶら下げられた観測装置一式を**ラジオゾンデ**（略してゾンデ）といいます。ゾンデには電波発信機も内蔵されており、観測結果が約1〜2秒間隔で地上の受信局に送られて来ます。また、ゾンデは風によって流されるため、ゾンデの一定時間の移動方向と距離から風向風速を推定可能です。こうやって、上空の気温・気圧・湿度・風が測定できます。現代のゾンデが到達可能な高さは約26000 m（気圧に換算すると20 hPa付近）です。これくらいの高度範囲までは、高層観測により大気の様子を知ることができます。コンピュータで将来の天気を予測する数値予報では、初期値として上空の風や気温分布が必要なので、高層観測は特に重要な観測と位置づけられています。**図10.2**にラジオゾンデ飛揚風景と国内のラジオゾンデ観測網を記します。

　以前は、ゾンデの位置を求める方法として、地上のオメガ基地局やロラン基地局からの電波を利用していました。これらの基地局は、船舶や航空機が電波を受信して、基地局の方向から自分自身の位置を測定するために使われてきたものです。ゾンデは、船舶や航空機の航法を借りて

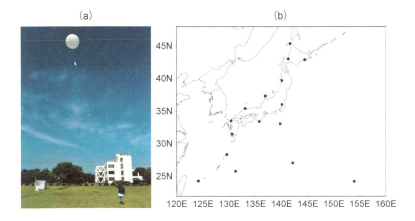

**図10.2** （a）ラジオゾンデ飛揚風景と（b）ラジオゾンデ観測網
出典　（a）：気象庁

いたわけです。しかし現在では、ゾンデの航法はGPSに代わりました。GPS衛星からの電波を受信して位置を求める方法で、原理はカーナビと同じです。

　さて、高層観測といっても観測可能な高さには限りがあります。風船はどこまでも上昇できるわけではないからです。上空の気圧は低いため、ゾンデが上昇すると風船は次第に膨張します。そして、ある程度風船が膨張すると、最後には破裂して落下します。その落下の直前まで高層観測が続くことになります。ちなみに、ゾンデにはパラシュートが内蔵されており、風船破裂後はパラシュートによりゆっくりと降下します。

　ラジオゾンデ観測所は世界に約600カ所あります。**図10.3**は、世界中のゾンデ観測地点の分布図です。ゾンデ観測地点がユーラシアと北アメリカに集中していることがわかります。逆に、海洋上ではわずかです。高層観測は観測所を設置できる陸地や島の多い西太平洋に集中しています。島の少ない東太平洋・大西洋・インド洋では観測地点はわずかです。また、アフリカでも数地点しかありません。

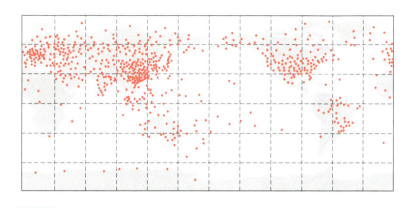

**図10.3** 世界の高層気象観測地点
出典：気象庁

## 10.4 海洋の観測

これまでは主に陸上での観測の解説でしたが、船による観測も数多くなされています。特に、気温や風向風速といった情報は航海の安全には非常に重要なものです。そのため、船による観測は昔から精力的に行われてきました。

### 1 船による観測

船上での観測も陸上と基本的に同じです。1つだけ陸上と異なるのは、**海面水温**の観測が加わることです。海水の温度は、同じ地点でも深さによって異なりますが、多くの船では海面付近の温度を測っており、これを海面水温といいます。雨の降り方や台風の発達の程度などは海面水温と深く関係しているので、とても大切な観測です。

さて、海面水温はどのようにして測るのでしょうか。以前は、船の上からロープで垂らしたバケツを使って海水をくみ上げ、船上で温度計を使って測っていました。大変簡単な方法で誰にでもできますが、くみ上げてから測定までのあいだに日射や周りの空気などの影響で水温が変化

するため、測定誤差が大きくなります。そのため、海水中に温度計を沈めて直接海水温を測る方法が採用されるようになってきました。実際には、エンジンを冷却するために船体内に海水を取り込む取水口に温度計を取り付けて測るのが一般的です。

### 気象観測船

海上の気象観測の多くは、航行中の商船の通報によりますが、気象観測専用の船も活躍しています。たとえば、気象庁の凌風丸は海洋中の水温・塩分や海中に溶け込んだ温室効果気体の濃度などの変動を監視するために、海面下1000m付近までのさまざまな観測を50年以上にわたって続けています。これによって、さまざまな海洋の変動を明らかにしてきました。もちろん、船そのものは耐用年数がありますから50年も活躍できません。海洋観測開始以来、代替わりして、現在の凌風丸は1995年に就航した3代目です。

### 2 ブイによる観測

船から海面水温を測定するという説明をしましたが、これだけでは航路がある海域の海面水温しかわかりません。船舶による観測を補うものに海洋観測用の**ブイ**があります。ブイとは発泡スチロールなどでできた浮きに各種観測装置や太陽電池パネルを設置したものです。無人で観測を続け、観測データは人工衛星経由で送信されます。ブイには大きく分けて、海底のいかりから伸ばされたワイヤーに固定された係留ブイと、海流に乗って流れていく漂流ブイがあります。

ブイは海洋中の過酷な環境下に置かれているため、長持ちしません。そのため、定期的に交換が必要です。係留ブイの場合、ブイ設置の専用船が定期的に現地に行ってブイを取り替えています。漂流ブイの場合には取り替えはできません。電池が切れたり通信装置が故障したりしたら、通信途絶となり行方不明となります。そのため、新しい漂流ブイを投入して世代交代をしています。

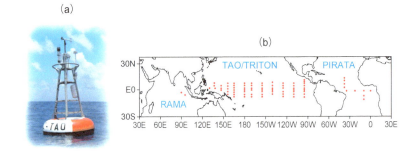

**図10.4** （a）TAOブイと（b）TAO/TRITON観測網
赤点の位置にブイが設置してある。
出典　（a）：NOAA
　　　（b）：気象庁

### TAO/TRITON観測網

　代表的な係留ブイ観測網としては、1980年代以降、太平洋赤道域に展開されている**TAO/TRITON観測網**があります（**図10.4**）。これはアメリカ海洋大気庁（National Oceanic and Atmospheric Administration：NOAA）が設置したTAO（Tropical Atmosphere Ocean）ブイと海洋研究開発機構が設置したTRITON（Triangle Trans-Ocean buoy Network）ブイからなり、エルニーニョなどに伴う大気・海洋の変動を監視することを目的としています。個々のブイは海底に固定されたナイロンワイヤーにつながっています。このワイヤーには各種測定器が取り付けられており、気象観測だけでなく、いろいろな深さの水温・塩分などの観測も行っています。最近では、TAO/TRITON観測網に連携して、インド洋や大西洋にもブイ観測網が展開されており、全部で約70基のブイから観測データが送られてきています。大西洋のブイはPIRATA、インド洋のものはRAMAと呼ばれています。エルニーニョの予報ができるようになったのも、ブイ観測網の展開によって、赤道付近の海洋内部の変動がよくわかるようになったからです。

**Column**

### 海面水温観測の歴史

図 10.5 は、1851年から50年毎の海面水温の観測値です。もちろん、航路がある海域のデータしか得られません。船が通らない海域の海面水温は不明・図上では空白です。この図を見ると、観測の分布からいろいろな歴史的な出来事が見えてきます。まず、スエズ運河が完成したのは1869年です。スエズ運河がなかった1851年は、ヨーロッパからアフリカ南端の喜望峰を回ってアジアへ行く航路が盛んだったことがわかります。また、幕末にペリーが日本の開港を求めて浦賀に来たのは1853年です。1851年の図では、アメリカ西岸からアジアに向かう航路が見えます。ペリーもこの航路をたどって日本に来たのでしょう。また、パナマ運河が開通したのは1914年です。開通前の1901年の図では、南アメリカ南端のマゼラン海峡を通って大西洋と太平洋をつなぐ航路が見えますが、開通後の1951年の図には、中米からオーストラリアへ向かう航路が現れます。

このように、世界の交易活動の活発化と共にさまざまな航路が開拓され、それと同時に航路が通る海域の海面水温情報が得られるようになりました。そして船乗りたちの200年以上の観測の積み重ねが、その間の気候変動を解明する糸口となったのです。

### アルゴ計画

従来の漂流ブイは海面上の観測しかできませんでした。TAO/TRITONブイなら海中の観測も可能ですが、大がかりな観測装置なので高価でもあり、大量には設置できません。そこで考え出されたのが、**アルゴフロート**と呼ばれる「潜水できる漂流ブイ」です。1990年代末から、世界気象機関やユネスコ（国際連合教育科学文化機関：United Nations Educational, Scientific and Cultural Organization）が主導して、「アルゴ計画」と呼ばれる海洋観測計画がスタートしました。この計画は、海中のいろいろな深さで水温や塩分を観測できるアルゴフロートを全世界に約3000個配置するというものです。アルゴフロートは、海面から

(a) 1851年（嘉永4年）

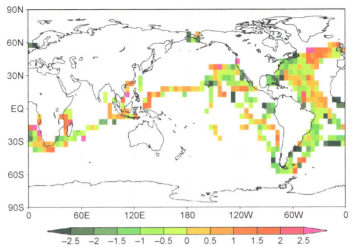

(b) 1901年（明治34年）

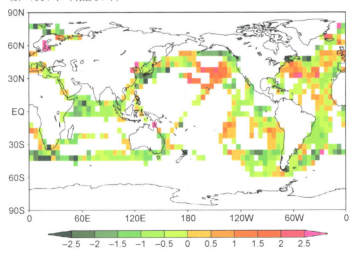

| 図10.5 | 海面水温観測の歴史

色付部でのみ観測された。白い部分は観測がなく、海面水温が不明の海域。カラーバーは海面水温の平年値（1961〜1990年平均）からの差。

(c) 1951年（昭和26年）

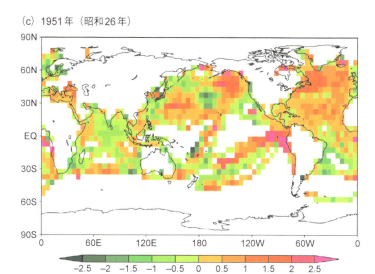

(d) 2001年（平成13年）

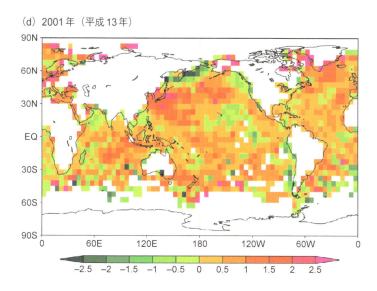

**10.4**
海洋の観測

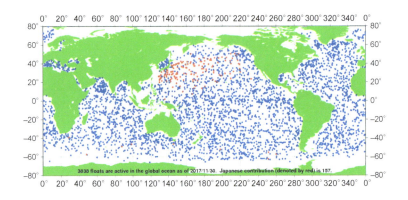

図10.6 アルゴフロートの分布

アルゴフロートは海流で流されるが、2017年11月の位置を青点および赤点（日本が投入したもの）で示してある。
出典：気象庁

水深2000mまでを約10日の間隔で沈んだり浮上したりして、浮上している間に人工衛星経由で観測結果を送信します。日本もアルゴ計画に参加していて、国の機関だけでなく、大学や水産学科のある高校などもアルゴフロート投入にたずさわっています。アルゴフロートの分布を図10.6に示します。アルゴ計画のおかげで、海洋中のさまざまな現象を観測することが可能になり、気候変動研究が飛躍的に進みました。

## 10.5 地上からのリモートセンシング

気象レーダーで雨の様子を見る場面は、今では天気予報やニュースで頻繁に出てくるので、もうお馴染みですね。気象レーダーが実用化されて半世紀経ちました。ここでは、気象レーダーをはじめとしたいろいろな地上設置型リモートセンシング装置の原理や測定範囲などを見てみましょう。

## 1 気象レーダー

　気象レーダーは波長数センチメートルの電波を発射して、そのうちの雨粒に当たって反射（レーリー散乱といいます）してきた電波を測定することで、雨を観測します（**図10.7a**）。気象レーダーによって得られるのは、雨の強さと雨が降っている場所（方角と距離）の情報です。雨の強さは反射波の強さから計算できます。また、雨の降っている場所の方角はレーダー波を発射した方向から、レーダーサイトから雨粒までの距離は反射波が返ってくる時間から求めています。こう書くと、ずいぶん単純な原理で操作も単純そうに聞こえますが、そんなことはありません。

　定量的な雨の量を求めるには、いろいろな修正・補正や換算式が必要です。まず、雨粒以外の物体からの反射を除去する必要があります。遠方の雨を見るには、レーダー波を水平に近い角度で発射する必要がありますが、水平に発射されたレーダー波は山にぶつかることもあります。すると、山からの反射波が返ってきます。また、風が強いと海上では波が立ちますが、そんな中でレーダーを使うと波しぶきからの反射波も受

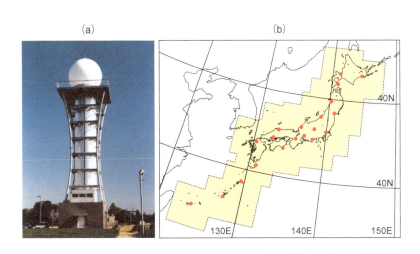

**図10.7** （a）気象レーダー全景と（b）気象レーダー観測網

黄色の領域がレーダー網で監視できる範囲。
出典　(a)(b)：気象庁

け取ってしまいます。こういったノイズを除去するにはどうすればいいでしょうか。雨雲は風に流されて移動するのに対して、山や海面は動きません。したがって、反射波のうち時間とともに移動しないものを除去すればいいのです。コンピュータが発達していない時代には、レーダーの専門家が、データが雨雲によるものかそうでないか、経験と勘で見分けていました。今ではコンピュータ処理で区別がつくようになっています。

## 2 レーダーで使用する電波

　気象庁が運用している気象レーダーは波長6cmの電波を使っています。電波はレーダー以外にもいろいろな用途で利用されているので、混信を避けるため、勝手な周波数を使うわけにはいきません。電波利用は総務省が管理しており、気象レーダーには、「Cバンド」と呼ばれる波長6cmの周波数が割り当てられています。Cバンドの電波は300km位の範囲まで届きます。ということは、全国を気象レーダー網ですき間なく覆うには、300km間隔で気象レーダーを配置する必要があります。**図10.7b**で示すように北は札幌から南は石垣島まで、合計20カ所に気象レーダーを配置することで、全国を気象レーダー網でくまなく覆っています。

## 3 レーダーから雨の強さを推定する

　レーダーによる雨の観測においてもう1つ大切な点は、雨粒からの反射波の強さをもとに正確な雨量を求めることです。反射波の強さと雨量は、一方が2倍になったらもう一方も2倍になる、というような単純な比例関係ではありません。

　雨量は降ってきた雨粒の体積を積算したものと考えられます。雨粒の形状を球と仮定すると、雨粒の体積はその半径の3乗に比例します。雨粒の半径が2倍になったら、体積は$2^3＝8$倍です。ところが、レーリー散乱では反射波の強さは雨粒の半径の6乗に比例します。そのため、同じ雨量でも、雨粒の大きさによって反射波の強さは大きく違ってきます。

レーダー観測で雨量を正しく知るには、雨粒の大きさを知る必要があるわけです。現実の世界では、雨量が多くなると、雨粒も大きくなる傾向にあります。そのため、実際のレーダー観測では、反射波の強さがどれくらいのとき、地上の雨量計ではどんな観測値になるかを統計的に調べ、経験式として反射波の強さと実際の雨量とを関係づけています。気象庁では、この経験式から推定した雨量分布をさらにアメダスなどの雨量観測値で補正して**解析雨量**として発表しています。

## 4 ドップラーレーダー

最近では、雨以外を測ることができる気象レーダーも登場してきました。たとえば、風速の測定ができる**ドップラーレーダー**があります。皆さん、高校の物理でドップラー効果を勉強しましたね。物が近づくときには音色（周波数）が高くなって、遠ざかるときには低くなる。よく救急車の例で説明されています。ドップラー効果を応用して風速を測るのがドップラーレーダーです。ドップラーレーダーも電波を発射して、雨粒に反射された波をとらえます。雨粒に反射して戻ってくるレーダー波の周波数が発射したときの周波数より低ければ、雨粒はレーダーから遠ざかっている、反射波の周波数が高ければ雨粒は近づいていることになります。したがって、雨粒が空気の流れにのって動いていると考えれば、反射波の周波数の変化から、レーダーサイトに向かう空気の動き（つまり風速）を測定することができます。もちろん、厳密には風そのものを測定しているのではなく、雨粒の動きから風を推定するものなので、雨が降っていなければ風も測定できません。また、ドップラーレーダーで測れるのは、レーダーに近づいてくる風速や遠ざかって行く風速です。つまり、測れるのは風速だけで、風向はわかりません。

これだけでも、風の吹き方についてある程度の情報にはなりますが、風向も測ることができれば、広い範囲の風の分布を2次元的に知ることができ、大変有効です。風向・風速を同時に観測するには、2台のドップラーレーダーが必要です。2台のドップラーレーダーに向かう風速から、三角測量の原理で2次元的な風の分布を計算するのです（**図10.8**）。

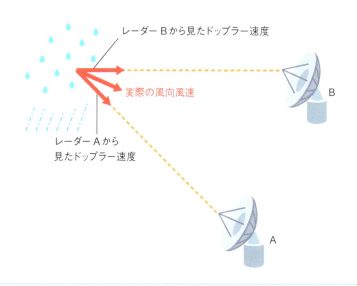

図10.8 ドップラーレーダーで風向風速を測定する原理

　ドップラーレーダーは、竜巻の観測などで威力を発揮します。竜巻は直径数百メートル程度の大きさしかないため、気象衛星からは小さすぎて見えないからです。竜巻被害が特に深刻なアメリカでは、1980年代からNEXRAD（ネクスラッド）と呼ばれるドップラーレーダー観測網が整備されてきました。NEXRAD観測網は竜巻（トルネード）監視に非常に大きな役割を果たしています。日本でも、気象庁のレーダーはこれまで通常の気象レーダーでしたが、竜巻などの強風現象を捉えるため、2000年代末からからドップラーレーダーに更新され、いまでは全国ドップラーレーダー観測網が完成しました。

## 5　二重偏波レーダー

　同じ雨量でも、雨粒の大きさによって反射波の強さは大きく違ってくると述べました。そのため、一般のレーダーでは雨粒の大きさを経験式で推定して雨量を求めているのですが、これを直接測定できれば正確な

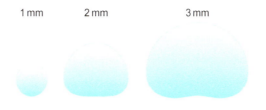

**図10.9** 落下中の雨粒の形状

粒径が大きくなるほど、空気抵抗でつぶれて扁平になる。

雨量が求まります。直接測定するのが**二重偏波レーダー**です。

　二重偏波レーダーの原理を説明する前に、皆さん雨粒の形がどうなっているか知っていますか？　しずくの形を思い浮かべる方も多いと思いますが、実はしずくとはまったく違う形です。実際の雨粒の形は雨粒の大きさによって異なり、肉まんのような形です（**図10.9**）。これは、雨粒が落下する際の空気抵抗により横につぶれるためです。雨粒が大きくなるほど落下速度が大きくなるので空気抵抗も大きくなり、よりつぶれた形になります。二重偏波レーダーはこのつぶれ具合を測定します。

　具体的には、レーダーから2種類の電波を出します。レーダーの電波は波なので、ある平面内で振動しているのですが、通常のレーダーでは水平方向に振動する電波（水平偏波）を使っています。これに垂直方向に振動する電波（垂直偏波）を加えて2種類の電波を同時に出すのが二重偏波レーダーです。空気抵抗でつぶれた雨粒は横方向に大きく、縦方向は小さく見えます。すると、レーダーの反射波も水平偏波の方が垂直偏波より大きくなります。この2種類の反射波の強さの比から雨粒の大きさを求めるのです。雨粒が大きいほど大きくつぶれているので、水平偏波と垂直偏波の比は大きくなります。これにより、雨量の観測精度が向上します。

## 6　ウインドプロファイラ

　地上からのリモートセンシング装置には、レーダーの他に**ウインドプロファイラ**があります。ウインドプロファイラも測定の原理はドップ

ラーレーダーと同じですが、観測方法が異なります。ドップラーレーダーでは電波を水平に発射して、雨粒からの反射波のドップラー効果から風を観測します。これに対して、ウインドプロファイラでは数本のビーム状の電波を上向きに発射して、各ビームの反射波のドップラー効果からウインドプロファイラサイトに向かう空気の速度を求めます（**図10.10a**）。このビームごとに観測された速度の三角測量から水平方向の速度（風向風速）に変換しています。

電波を反射する対象としては、雨が降っていれば雨粒が利用できますが、降っていなくても乱流にともなう大気の屈折率のゆらぎを利用することができます。雨が降っていなくても風を観測できるのがウインドプロファイラの利点ですが、観測できるのは観測地点の真上だけです。ウインドプロファイラで観測できる上限高度は用いる電波の周波数で決まりますが、気象庁が使っている1.3 GHz帯では、雨が降っている場合には上空6 kmくらいまでの観測が可能です。雨が降っていない場合、大気の屈折率のゆらぎによる反射波は弱いため、観測可能高度は上空3 kmくらいまでになります。

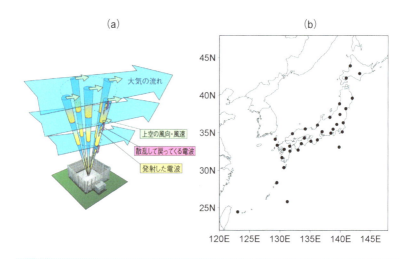

**図10.10** （a）**ウインドプロファイラの原理と**（b）**全国観測網**
出典　（a）：気象庁

気象庁では全国の33カ所でウインドプロファイラ観測を行っています。図10.10bに国内の観測網を示します。ウインドプロファイラは可動部分がないので頻繁なメンテナンスが必要なく、無人での運用も可能です。もちろん、対流圏下部しか観測できないなど限界もありますが、ゾンデ観測と組み合わせることで、大気の変化を短い時間間隔で観測でき、災害を引き起こすような極端現象の監視に大変有効です。

## 10.6 宇宙からのリモートセンシング

　気象観測に大変大きな威力を発揮するのが**気象衛星**です。気象衛星から見ると、台風も梅雨前線も一目瞭然です。今や気象現象の監視になくてはならない存在となった気象衛星には、NOAAが1960年に打ち上げた初の気象衛星タイロス1以来、約半世紀の歴史があります。当時のソ連が人類最初の人工衛星を打ち上げた1957年から3年後には、すでに気象衛星が打ち上げられていたわけです。

　気象衛星には大きく分けて、静止衛星と極軌道衛星の2種類があります。この2種類の気象衛星は周回する軌道が異なり、観測においても異なる特徴を有しています。それぞれ紹介していきましょう。

### 1 静止衛星

　静止衛星は別に静止しているわけではありません。地上36000 kmの赤道上で地球の周りを公転しています。この高度だと公転周期が24時間になります。つまり、衛星の公転周期が地球の自転周期と一致するので、地球上からは衛星がいつも同じ位置に静止しているように見えるのです。これが**静止衛星**の名前の由来です。

　静止衛星の利点は、地球上の同じ地域がいつも見えるということです。このため、衛星に面している地球上の気象現象を常時監視することができます。天気予報で日本に刻々と近づいてくる台風の動きがアニメーションで表示できるのは、静止衛星ひまわりが頻繁に写真を撮影して地

上へ送ってきているからです。静止衛星は特定の地域の常時監視ができますが、赤道上に位置しているため、高緯度地方は斜めから観測することになり、観測精度が落ちます。また、地上36000kmというかなり遠い場所からの観測なので、細かいところまではわかりません。

　さまざまな気象現象の監視に威力を発揮する静止衛星ですが、各国が勝手に自国の都合で打ち上げているわけではありません。静止衛星は、世界気象機関（WMO）が推進するプロジェクト**世界気象監視計画**（World Weather Watch：WWW）に従って打ち上げられています。この計画によって打ち上げられた静止衛星の数は計6機（アメリカ：2機、欧州気象衛星機関：1機、ロシア・中国・日本：各1機）で、各衛星に赤道上の経度が割り当てられています（**図10.11**）。これら6機が世界中をカバーする静止衛星観測網を形成しているわけです。

　この静止衛星観測網のおかげで、世界のどこでどんな気象現象が発生しても、すべて監視できます。1979年に完成して以来、約40年にわたって、この静止衛星観測網は地球を見守る目の役割を果たしています。日本の静止衛星**ひまわり**シリーズも世界気象監視計画の静止衛星観測網の一環で、日本の担当位置は東経140度です。世界気象監視計画の下、ひ

**図10.11　静止気象衛星の配置**
世界気象機関の計画に基づいて、各国が赤道上の様々な経度に静止気象衛星を打ち上げている。
出典：世界気象機関

まわりは日本の天気監視のためだけでなく、東アジア〜オセアニア諸国に気象データを提供するという、国際的に重要な役割を担っています。

## 2 極軌道衛星

**極軌道衛星**は、北極と南極を通る赤道に垂直な軌道を周回します。その軌道は地上400〜800 kmのものが多く、地上36000 kmの静止衛星に比べて圧倒的に地表近くを周回しています。公転周期も短く100分程度です。低高度を飛んでいるので、非常に高解像度の観測ができます。また、ほとんどの極軌道衛星の軌道は、ある地点の上空を毎日同じ時刻に通過するように設計されています。具体的には、朝と夕方の2回、ある地点の上空を通過するようになっています。これによって、毎日同じ地方時の下で観測できるようになっているわけです。ただし、極軌道衛星は低高度を飛んでいるので、広い範囲を観測することはできません。広い範囲を低解像度で観測する静止衛星と、狭い範囲を高解像度で観測する極軌道衛星は、お互いに補い合って地球観測を担っているのです。

## 3 地球観測衛星

通常の静止衛星や極軌道衛星は雲の写真を撮り、また地表面や雲の表面の温度を測定することができます。雲の移動距離から、風速・風向を求めることもできます。これらに加えて、1990年代からはさらに多様な観測を行う**地球観測衛星**が打ち上げられるようになりました。たとえば、雨や水蒸気量を観測するもの、大気中の温室効果気体の量を観測するもの、海面高度から海流の状態を観測するものなどさまざまです。世界中の雨量の分布が詳細に把握できるようになったのも、アメリカが1980年代末から継続的に打ち上げているDMSP（Defense Meteorological Satellite Program）衛星シリーズや、1996年に打ち上げられた日米共同のTRMM（Tropical Rainfall Measurement Mission）衛星のおかげです。A-trainに参加している衛星はすべて地球観測衛星です。

**Column**

## A-train

　極軌道衛星には、世界気象機関による調整計画はありません。各国が自国の都合で打ち上げています。ただし、アメリカが中心となってA-trainという計画が進められており、一部の極軌道衛星はこれに参加しています（**図10.12**）。A-trainは、さまざまな観測機能を搭載した多数の極軌道衛星を同じ軌道上に打ち上げて、地球上の同じ地点の上空を数分おきに衛星が通過するようにしたものです。A-trainには次のような6機の衛星が参加しています。A-trainにより、同じ気象現象を多数の衛星に搭載されたさまざまな測定機器で観測することが可能となりました。ちなみに、A-trainは地球上の各地点を毎日午後に通過するように設計されています。午後に列車のように連なって通過していく衛星群ということで、Afternoon train（略してA-train）と名付けられました。

| 衛星名 | 開発機関 | 観測対象 |
|---|---|---|
| OCO-2 | NASA[1] | 大気中の二酸化炭素量 |
| GCOM-W1 | JAXA[2] | 陸上の積雪深や土壌水分、海氷、大気中の水蒸気、降水量など |
| Aqua | NASA[1] JAXA[2] INPE[3] | 大気中の雲水量、水蒸気量、海上風，陸上の積雪深，大気温度・地表温度，地球が放出する赤外線量など |
| CALIPSO | NASA[1] CNES[4] | 雲粒の大きさ・分布，エアロゾル量 |
| CloudSat | NASA[1] CSA[5] | 雲粒の分布 |
| Aura | NASA[1] | 大気中の温室効果気体による赤外放射量 |

1 National Aeronautics and Space Agency アメリカ航空宇宙局
2 Japan Aerospace eXploration Agency 宇宙航空研究開発機構
3 Instituto Nacional de Pesquisas Espaciais ブラジル国立宇宙研究所
4 Le Centre national d'études spatiales フランス国立宇宙研究センター
5 Canadian Space Agency カナダ宇宙庁

**図10.12** A-Trainを構成する地球観測衛星

出典：NASA

## 4　GNSS気象学

　カーナビやスマホなどに使われるGPS（Global Positioning System）という言葉を聞いたことがあると思います。地球を回る約30個のGPS衛星からの電波を受信して自分のいる位置を調べるものです。アメリカが打ち上げたGPS衛星以外にも位置を測定する測位衛星はいろいろあり、総称して**GNSS**（Global Navigation Satellite System）と呼ばれています。このGNSSを利用して大気観測ができます。衛星の位置は厳密にわかっていて、その衛星からの電波が地上のある地点に届く時刻も厳密にわかっています。ところが衛星からの電波は大気によりわずかに屈折するため、地上に届く時間もわずかにずれます。これは大気遅延という誤差なのですが、これを逆手にとって大気観測が可能です。地上の位置が厳密にわかっている観測地点にとっては、大気遅延量は大気の情報と考えることができます。大気遅延量は乾燥大気によるものと水蒸気によるも

のとからなりますが、乾燥大気による影響を取り除くと水蒸気の情報が得られるわけです。

　国内では、国土地理院が全国に約1200カ所の観測所を設置していて水蒸気量の観測を行っています。

Introduction to **Meteorology**

第 **III** 部 | 最先端の気象学

# 第 **11** 章 ☁ 大気の予測可能性

日本では1週間先までの毎日の天気予報が発表されています。でも、その先の毎日の天気予報はありません。なぜ、1ヶ月後や半年後までの毎日の天気を予報しないのでしょうか。本章では、この問題に関連して、天気予報の原理と限界を示します。

## 11.1 リチャードソンの夢

みなさん、天気予報はどうやって作るかご存じですか？　ここでは天気予報の作り方と、その進歩の歴史を振り返ってみたいと思います。

### 1 方程式を解けばいい、とはいうものの……

コンピュータが実用化される以前は、天気予報は予報官※の長年の経験にもとづいて作られていました。今日がこんな天気図なら、明日は高気圧があの辺まで進んで、低気圧がこのあたりに位置して、雨になるだろう、晴れるだろう、といった具合です。でも、それも過去のことになってしまいました。

今の時代、天気予報はコンピュータシミュレーションで作られています。スーパーコンピュータで流体力学や熱力学の方程式（**予測方程式**といいます）を解くのです。これら天気予報に関する方程式が考案されたのは19世紀のことでした。コンピュータが生まれる前から、「予測方程

---

※気象台などで、天気を専門的に予報する人たちのことです。予報官は気象だけでなく、大気現象を理解する上で必要な数学や物理学の知識の下で天気予報を組み立てています。

式を解けば天気予報ができる」ことが原理的にはわかっていたのです。しかし、大変複雑な方程式のため、解析的に解くことは現実には不可能です。ここで、「解析的に解く」というのは、方程式の変形により論理的に解を得ることを指しています。当時の人々にとって、方程式を解いて天気を予報することは夢のまた夢でした。では、解析的には解けない方程式を、コンピュータはどうやって解いているのでしょうか？

コンピュータが採用しているのは、数値的な解法です（**数値予報**といいます）。つまり、地球の大気を細かく格子点に分割して、各格子点について方程式を満たす値（気温や気圧・風・湿度など）を求めるという方法です。

## 2 天気予報の初期値と境界値

コンピュータで天気予報の方程式を解く場合、ある時刻の気象状態（風や気温・湿度など）を元に、次の時刻（たとえば10分後）の気象状態を計算する作業を次々と繰り返していきます。計算を始める時点の気象状態を**初期値**といいます。初期値は、前時刻の予測値を観測データで修正することにより作られます。

初期値の他に境界値も必要です。**境界値**とは、大気が他物体から受ける熱・摩擦などの情報のことで、たとえば、海面水温などを指します。他にも、オゾンやエアロゾルさらには温室効果気体の分布などが、境界値として必要です。

## 3 リチャードソンの挑戦と失敗

これらの方程式を数値的に解くことにはじめて挑戦したのは、イギリスの気象学者リチャードソン（Lewis Fry Richardson, 1881〜1953）で、1920年頃のことです。当時、ヨーロッパでは高層気象観測がすでに始まっていました。そのため、上空の風や気温の分布がある程度わかっていたのです。リチャードソンは、この観測値から出発して流体力学の方程式を解けるはず、と考えました（どうやら、熱力学の方程式は考えていなかったようです）。

## 11.1 リチャードソンの夢

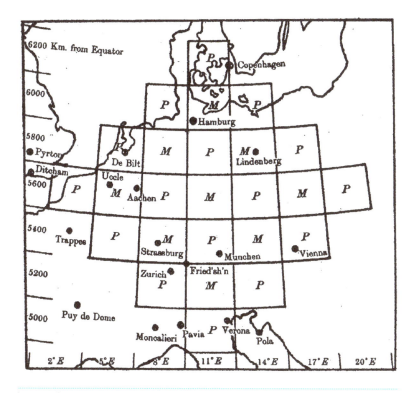

**図11.1** リチャードソンが予報に用いた格子点

格子点Mにおいて風を計算し、格子点Pにおいて気圧を計算した。

　図**11.1**はリチャードソンが考案した格子点の配置です。当時すでに手動式の計算機は実用化されており、現在の電卓程度の計算はできました。彼は、それを使って各格子点の気圧や風を予測しようとしたのでした。各格子点の値を計算する担当者を多数配置して、初期値から6時間先の気圧分布の予測を行いました。手計算なので、6週間くらいかかったそうです。しかし、予測はうまくできませんでした。彼の予測結果は、6時間で気圧が145 hPaも変化するというもので、これは誰の目にも有り得ない現象です。

　リチャードソン自身は、予測がうまくいかなかった理由を理解できませんでしたが、今ではよくわかっています。それは以下のようなもので

す。大気の変動は、大気運動を支配する方程式に従う信号成分（シグナル）とこれに従わない雑音成分（ノイズ）とに分けられます。観測値も信号成分と雑音成分の和ですが、実際の計算では、信号成分のみを予測すべきだったのです。

### 4 受け継がれた夢とアイデア

　リチャードソンは著書の中で、「6万4千人が大きなホールに集まり一人の指揮者の元で整然と計算を行えば、実際の時間の進行と同程度の速さで予測計算を実行できる」と書いています（**図11.2**）。リチャードソン自身は解けませんでしたが、いつか必ず解けるはず、と信じていました。この主張は「**リチャードソンの夢**」と呼ばれています。

　実際、コンピュータ上で大気を碁盤の目状に区切った格子点に分割し、各格子点における値を計算するというアイデアは間違っていませんでした。リチャードソンの挑戦から約100年後の現在の数値予報は、まさしく各格子点の予測を実践しているのです。初期値からノイズを除く方法も考案され、6万4千人分の計算よりずっと高速なスーパーコンピュータも開発され、天気予報が皆さんのお手元に届くようになりました。

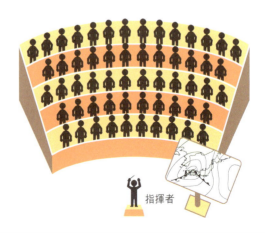

**図11.2** リチャードソンの提唱した64000人の手動計算

## 11.2 数値予報

　リチャードソンの夢を実現したのは、アメリカの数学者ノイマン（John von Neumann, 1903～1957）です。1950年頃のことですが、世界で初めてのコンピュータ「エニアック（ENIAC）」が世に送り出された時期でもありました。リチャードソンが使った計算機は手動でしたが、エニアックは人間が作成したプログラム通りに自動で計算する正真正銘の「コンピュータ」です。ノイマンは、エニアックを使って予測方程式を解く方法を考案しました。

### 1 史上初のコンピュータによる天気予報

　ノイマンはコンピュータによる数値計算の方法を精力的に開発したことで知られ、「計算機科学の父」と呼ばれています。そして、リチャードソンの失敗の原因も突き止めました。大気の運動には、予測方程式に従う信号成分と従わない雑音成分とがあることは前節で述べましたが、彼は信号成分のみを計算する方法を考案し、予測に成功しました。

　ノイマンの成功の後、NOAAは、1955年にはコンピュータを導入し、毎日の数値予報を開始しました。アメリカに遅れて、日本の気象庁でも1959年にはコンピュータによる数値予報が開始されています。とはいっても、当時のコンピュータの性能は現在のパーソナルコンピュータにも遠く及ばないもので、計算して得られる予報の精度は、予報官の経験には歯が立ちませんでした。

　コンピュータによる数値予報が実用的なレベルに達したのは、1980年代になってからです。コンピュータはより高性能のものが次々に開発されるため、時々更新して最新のものを導入することで、予報の精度も向上させられます。日本の気象庁を始めとする世界の気象機関は、約5年おきに天気予報用のコンピュータを更新しています。ちなみに、気象庁の現在のコンピュータシステム（**図11.3**）は10代目に当たり、初代と比べると約1兆倍の計算性能を持ちます。計算性能が上がれば、現実

**図11.3** 現在の気象庁のスーパーコンピュータ
出典：気象庁

の大気をより正確に再現するための複雑な計算が可能になり、予測精度も上げることができます（**図11.4**）。コンピュータの進歩と並行して予測計算方法は進歩しているわけです。予報精度を上げるためにさらに複雑で高度な予測プログラムの開発が、日々行われています。

## 2 計算の格子間隔と時間間隔

さてここからは、数値予報がどうやって行われているか、そのプロセスを具体的に見てみましょう。

前節で述べたように、数値予報では水平方向の大気を碁盤の目状に分割し、ある領域の大気の状態を各格子点に代表させてコンピュータに計算させます（**図11.5**）。ここで重要になるのは、この格子点の間隔です。格子間隔が小さければ小さいほど詳細な予測ができます。でも、格子間隔を細かくすると格子点数が増え、計算量が多くなります。計算量が膨大になると、いくらスーパーコンピュータといえど、結果を出すのに長

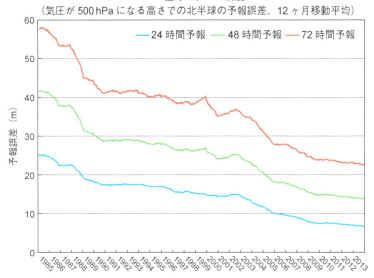

**図11.4** 過去30年間の数値予報の精度

24時間予報（青）、48時間予報（緑）、および72時間予報（赤）における、気圧が500hPaになる高さの北半球平均誤差。
出典：気象庁

　い時間がかかり実用面で問題が生じます。したがって、予報に求められる精度と制限時間を考えて、適切な格子間隔を設定しなければなりません。水平方向だけでなく、高さ方向にも大気状態をさまざまな高さに代表させて計算します。高さ方向の場合、格子点とは呼ばず、面あるいは層といいます。

　空間だけでなく、時間も分割して計算します。ある時刻の風・気温などの気象状態に予測方程式を適用して、ある一定時間後の気象状態を求めるのです。計算時間間隔には上限があり、それ以下にしないと正しい計算ができないことがわかっています。その上限もノイマンが発見しました。時間間隔の上限は格子間隔の大きさに応じて決まり、格子間隔を小さくすると時間間隔も短くする必要があります。

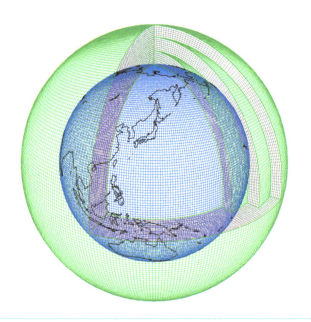

**図 11.5**

数値予報では、大気を水平・鉛直方向に格子点に分割して各格子点の気圧や気温、風、湿度を予測する。
出典:気象庁

## 3 全球モデルと領域モデル

　このようなことを考えて、精度と制限時間という2つの条件を満たす格子間隔で計算して予報を作ります（**図11.6**）。実際には、2通りの計算を行い、2つの予報を得ています。ここでは、この2つの予報について説明します。

　一方は地球全体を対象にした計算で、**全球モデル**と呼ばれています。現在気象庁が採用する全球モデルでは、格子間隔は約20 kmで、格子点の数は東西方向に1920、南北方向に960です（**図11.7**）。この全球モデルでは、1つの県の大気状態を数点〜十数点程度の格子点で表すことになります。たとえば、東京大手町に格子点があったとすると、東隣の格子点は千葉市付近、西隣の格子点は三鷹市付近になりますから、かなり粗い格子配置です。現在のスーパーコンピュータの性能では、これ以上に格子間隔の細かい全球モデルの計算を行うのは難しいのです。

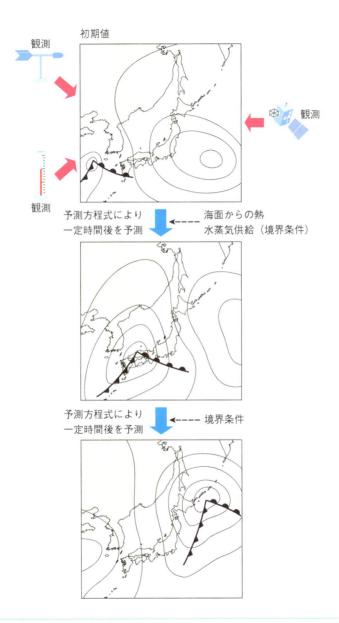

| **図11.6** | **数値予報の概念図**

予測方程式をコンピュータで解くことにより、初期値が時間と共にどのように変化していくかを予測していく。

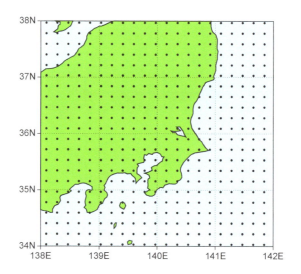

**図11.7** 水平解像度20kmの全球モデルの関東付近の格子点配置

黒点の位置に気温・風・湿度などの気象要素を与えて計算を進める。

　高さ方向は100層に分割されています。つまり、格子点数は1920×960×100となり、約2億個です。この各格子点の値の時間変化を約6分間隔で計算しています。つまり、24時間予報では240回も計算を繰り返すことになり、延べ480億もの格子点を計算していることになるわけです。

　でも、実用的な天気予報を行うには、もっと細かい格子点がほしいですね。そこで、日本付近のみを対象とした数値予報を別に計算します。これが2つめの計算方法です。限られた領域のみの予報を計算する方式を**領域モデル**と呼びます。格子点を設定する範囲を限定して、その代わりに格子間隔を小さくすることで解像度を高めようというわけです。格子間隔は最新の領域モデルでは2kmで、格子点数は東西に1580、南北に1300です。これなら、きめ細かい予報が可能です。領域モデルでも全球モデルと同様な高さ方向の格子点を使っています。領域モデルではある範囲のみを計算しますが、境界値として対象範囲の外側の気温や風などの情報も必要です。この対象領域の外側の情報として全球モデルに

よる予報値を使います。

## 11.3 カオス

　現在では、天気予報は数値予報を主な根拠として成り立っています。数値予報では、初期値を元に大気の動き・蒸発や凝結の熱を支配する予測方程式をコンピュータで解いていきます。これだけ聞くと、正しい初期値と十分な性能のコンピュータがあれば、どんなに先の予報もできそうに思えます。しかし、実際にはそんなにうまくはいきません。ある初期値からスタートした数値予報の有効な期間は1〜2週間程度です。気象庁は週間予報を発表していますが、この予報限界を考慮して、1週間以上先の予報は発表していません。本節では、なぜ1〜2週間という予報限界があるかを解説します。

### 1 初期値が持つ誤差

　天気予報は、世界各地から送られてくる観測値をもとにした初期値からスタートした数値予報です。予報の材料ともいえるこの初期値には、ある程度の誤差が含まれています。たとえば、温度計による測定値は20.1℃だったけれども、実際の気温は20.2℃だった、といった誤差は十分にありえます。初期値も、この観測値の誤差の影響を受けて、現実の大気の状態とはほんのちょっと違うわけです。初期値の段階では、誤差は目に見えないくらい小さいものですが、コンピュータで計算を続けていくうちに、この誤差は次第に増幅していきます。そして、1〜2週間後の予報を計算した時点で、この誤差は無視できない大きさになって、さらに先の予報が成り立たなくなってしまうわけです。

　気象の世界に、「バタフライ効果」という比喩があります。これは、南米で蝶が羽ばたくと、大気状態がほんのちょっとだけ揺らいで数値予報の初期値に誤差が生じ、これが増幅して北米の予報に影響する、というものです。蝶の羽ばたきが起こす大気の動きが予報に影響を与えると

いうのは誇張しすぎで、実際にはそんなことはありえません。ただし、ほんのちょっとの誤差が無視できない大きさに増幅して、コンピュータ上の大気が初期値の情報を失ってしまい、やがて予報精度が実用的でないほどに低下すると考えることは、原理的に間違っていません。このように誤差が増幅して初期値の情報を失ってしまうことを、**カオス**(Chaos) といいます。大気はまさにカオス的振る舞いをするため、予報時間には上限があります。大気の予報限界は1〜2週間程度と考えられています。

## 11.4 数値予報の実際

　ここまでは予報の「作り方」を学んできましたが、本節では予報の「示し方」について学びましょう。予報の示し方には大きく2種類あります。決定論的予報と確率予報です。なぜ2種類の示し方が必要で、これらは具体的にどう異なるのでしょうか。

### 1 決定論的予報と確率予報

　前節で述べたように、大気はカオス的振る舞いをするので、予報を進める（期間をのばしていく）うちに誤差が大きくなっていきます。1〜2日後の予報なら、まだまだ誤差は小さいので、ある程度自信を持って「明日は晴れ」や「明日は雨」と言った予報が可能です。「晴れ」とか「雨」といった形で明示的に予報することを、**決定論的予報**といいます。予報精度が高いときには、決定論的予報を出すことができます。たとえば、現在の気象庁の予報的中率は、翌日の予報では約85％です。これくらい当たるのであれば、決定論的に晴れとか雨と予報しても、私たちはそれを信じて行動できます。

　ただし、決定論的予報と合わせて、雨が降る確率も示されれば、予報に対する自信の度合いがわかるので、便利です。そのため1週間以内の予報では、決定論的予報と確率予報を併用しています。「明日の降水は

30%でしょう」というのが**確率予報**です。この降水確率の予報は、同じ予報が10回出された場合、実際に雨が降るのは3回で、残りの7回は降らない、という意味です。

　しかし、1週間以上先の予報となると、大気のカオス的な振る舞いの影響を強く受けるようになり、誤差が大きくなります。そのため、「来週の日曜日は晴れ」というような決定論的予報を出すのは難しくなります。ただし、誤差の大きな数値予報にも、将来の情報がまったく残っていないわけではありません。そこで、わずかに残った将来の情報を使って、決定論的予報の代わりに、気温が平年より高くなる確率は○○％、降水量が多くなる確率は△△％というような予報をすることになります。

### 2 確率予報の求め方

　確率予報が必要な理由はわかっていただけたと思います。ここからは、どうやって確率を求めているのかを考えていきましょう。

　確率予報を出すには**アンサンブル予報**と呼ばれる方法を用います。これは、ほんのちょっとだけ異なる複数の初期値を使って、何通りも数値予報を行う方法です。想定される観測誤差の範囲内でいくつもの初期値を作り、それぞれに対して計算を行えば、全体としてある誤差幅を持つ予報結果が得られます。ひとつひとつの初期値から計算して得られた数値予報を「メンバー」、何通りもの数値予報の集合（すなわちメンバーの集合）をアンサンブル予報といいます（**図11.8**、**図11.9**）。

　たとえば、気象庁の週間予報は51メンバーからなるアンサンブル予報です。51メンバーというと何とも中途半端なメンバー数と思われるかもしれません。これには、「ほんのちょっとの誤差」を加えた初期値からスタートしたメンバーが50個、これに「誤差」を与えていないオリジナルの初期値からスタートしたメンバーが1個含まれています。

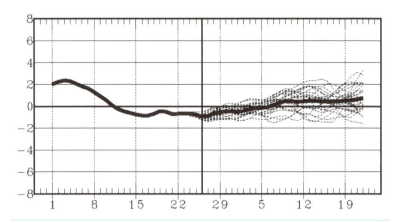

| 図 11.8 | 1ヶ月アンサンブル予報による気温予測

縦軸は気温の平均値からの差。横軸は日付を示す。図の太線のうち、左半分は観測値。右半分の細線は各アンサンブルメンバーの予測値。右半分の太線はアンサンブルメンバーの予測の平均値。

出典：気象庁

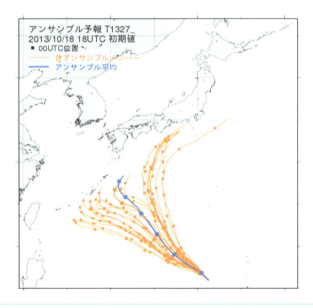

| 図 11.9 | アンサンブル予報による台風の進路予測

オレンジ色の線は各アンサンブルメンバーが予測した6時間毎の台風中心。青線は全メンバーの予測位置の平均。

出典：気象庁

## 11.5 季節予報

　前節で見たように、大気はカオス的振る舞いをするので、予報限界は2週間程度です。それ以上先の天気を予報しても、ほとんど当たらなくなります。しかし、気象庁は季節予報として数ヶ月先の予報も発表しています。それほど先の天気をどうやって予報しているのでしょう？　ここでは、季節予報や地球温暖化の予測といった長期の予測がなぜ可能かを説明します。

### 1  大気と海洋の同時予測

　大気の予報限界が2週間程度なのに対して、海洋の場合は数ヶ月〜数年先までの予測が可能です。でも、海洋だけ予測しても、海洋中でなく大気中に住んでいる私たちには恩恵は少なそうですね。知りたいのは、気温が高くなるか低くなるか、雨が多くなるか少なくなるか、といったことですから。

　そこで数ヶ月先の予測のために考え出されたのが、大気と海洋を同時に予測してしまう手法です。大気と海洋はお互いに強く影響し合っています。たとえば、エルニーニョの年には日本付近が冷夏になりやすいことが知られていますが、このような傾向は海洋から大気への影響の表れです。逆に、海洋は大気の大規模な風の変動に応答して変化していきます。海洋は何ヶ月もかけてゆっくりと変化していくのですが、それに応答して大気もまた変化します。このような両者の応答を同時に予測することで、その間の相互作用を考慮することができます。

　海面水温を境界条件として与えて大気だけを予測する数値予報を大気モデル、逆に風や気温などの大気状態を境界条件とする海洋だけの数値予報を海洋モデルと呼びます。これに対して、大気と海洋を同時に予測する方法を**大気海洋結合モデル**と呼びます（**図11.10**）。1週間先の気象予報では海洋の変化の影響は無視できます。しかし、数ヶ月というスパンでは、海洋の状態も大きく変化します。そこで、数ヶ月先を予測する

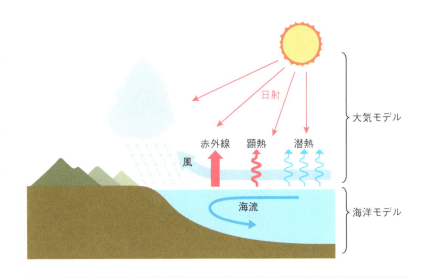

図11.10 大気海洋結合モデルの概念図

風により、海が駆動され、日射により海洋表面は暖められる。一方、海洋から顕熱と潜熱が大気へ供給されて、風が変化し、それが逆に海洋に流れを与えて海水温を変える。

季節予報では、大気海洋結合モデルを用います。具体的には、大気をほんの少しの時間間隔だけ予測して、得られた気温や風の予測値を基に海洋を予測し、さらにこの海洋の予測値をもとにふたたび大気をほんの少し予測、と大気と海洋を交互に予測していきます。

　一方で、週間予報など比較的近い将来の予測には大気海洋結合モデルは使われません。大気と海洋とが相互に影響し合って変動しているのは事実ですが、大気は日単位で変化するのに対して、海洋は月単位でゆっくりと変化しています。ということは、1週間程度では海洋はほとんど変化しません。つまり、週間予報を大気海洋結合モデルで予報するのはコンピュータ資源の無駄使いです。そのため、明日や明後日の予報や週間予報には、海洋の状態を一定値の境界条件として与えた大気モデルが使われています。

## 2 季節予報の示し方

春、夏、秋、冬といった季節単位の予報を**季節予報**といいます。季節予報の場合、決定論的予報はできないので確率予報を利用します。この予報は、大気海洋結合モデルによる予測結果をもとに組み立てられます。季節予報では月平均の気温や降水量を予報しますが、それは3つの数字の比の形で表現されます。たとえば、気温の予報として20：30：50といった比が示されます。この数字は、左から平年より気温が低くなる確率が20％、平年並みになる確率が30％、平年より高くなる確率が50％という意味です。この予報が出た場合、平年より気温が高くなる確率が50％なので、寒くはならないだろうなあ、と考えることができます。なんだか中途半端な予報で、一般の方々には使いにくいかもしれませんが、水不足対策や数ヶ月先の商品の売れ行き予測など、政策やビジネスなどには有用な情報です。

## 3 初期値問題と境界値問題

大気海洋結合モデルは、地球温暖化を予測する際にも使われています。季節予報と温暖化予測で異なるのは、初期値問題か境界値問題かという点です。

これまで見てきた数値予報は、ある時点での初期値をもとに、明日明後日、1週間後、あるいは数ヶ月先の予報をするものでした。このようにある初期値を基に、将来を予測することを**初期値問題**といいます。

100年先を予測する場合は、二酸化炭素などの温室効果ガスや、寒冷化に寄与するエアロゾルなどが、将来どの程度の濃度になるかを境界条件として与えます。温室効果ガスやエアロゾルの濃度はモデルでは予測できません。これらは、今後の経済活動の発展や環境保護への取り組みといった、人為的な影響で決まるからです。したがって、経済が今後も順調に発展する場合・停滞する場合、環境保護を積極的に進める場合・進めない場合、といった将来シナリオを数種類想定して、温室効果ガスやエアロゾルの濃度も各シナリオに沿って仮定します。

地球温暖化予測で対象にするのは、100年先の特定の年の気温や降水

量ではありません。境界条件（温室効果ガスやエアロゾルの濃度）に対して大気や海洋がどう応答するかを計算して、将来の大気や海洋の平均状態（たとえば30年平均）が現在の平均状態に比べてどのように変化するかを予測します。このように、ある境界値をもとに行う予測方法を**境界値問題**といいます。

温暖化予測のためのモデルの中では、エルニーニョをはじめとするいろいろな大気現象・海洋現象が発生します。しかし、初期値問題ではないので、発生した日付はあてになりません。たとえば、モデル中で2051年にエルニーニョが発生したとしても、実際にこの年に発生することを予測しているわけではないのです。しかし、エルニーニョは数年おきに発生するので、たとえば100年間の予測をすれば、その間に20回くらい発生します。過去の20回のエルニーニョの平均的な強さと、100年後のエルニーニョの平均や日本への影響が今と比べてどう変化するかなど、さまざまな予測が可能です。

境界値問題では、予測モデルの中に現れる個々の気象現象そのものでなく、現象の平均的な強度や発生頻度など、統計的な量を取り扱います。温暖化予測モデルでは、100年後の雨の強さや寒波・熱波の発生頻度などの変動も計算しています。

Introduction to **Meteorology**

第 **III** 部 | 最先端の気象学

第 **12** 章　テレコネクション ——遠方の大気現象がおよぼす影響

第8章で説明したように、エルニーニョ現象やラニーニャ現象は熱帯太平洋における大気海洋結合現象です。その影響は地球全体におよび、世界各地で発生する異常気象の原因の1つとなっています。

　**図12.1**は、エルニーニョ現象に起因する異常気象を冬季と夏季に分けて示したものです。冬は日本やアラスカなどで暖冬、夏はインドで異常乾燥というように、確かにさまざまな地域で異常気象が起こっています。エルニーニョ現象自体は熱帯太平洋という限定された地域の現象なのに、なぜその影響は地球規模におよぶのでしょうか。ここで鍵になるのが「テレコネクション」という概念です。本章では、まず「テレコネクションとは何か」を解説した後に、具体例をあげながら、上の疑問に答えていきたいと思います。

## 12.1　テレコネクションとは何か

### 1　テレコネクションの定義

　互いに遠く離れた複数の地域間で、気温や気圧などの気象要素に統計的に有意な相関（正相関あるいは逆相関）が見られる現象が観測される場合があります。たとえば、南太平洋のタヒチとオーストラリア北部のダーウィンにおける地上気圧は互いに逆位相（一方の気圧が高いと、もう一方の気圧は低い）で変動していることが、古くから知られています。第8章で述べたように、この現象は**南方振動**（Southern Oscillation）と

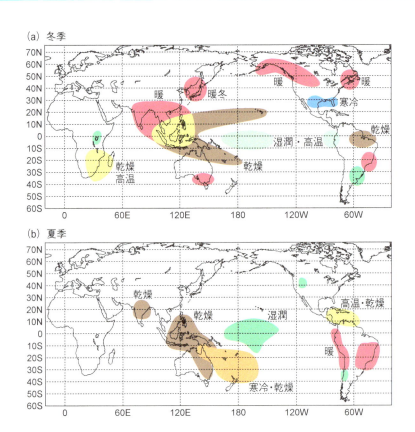

図 12.1 エルニーニョ現象に係る異常気象 (a) 冬季 (b) 夏季

呼ばれ、今では、ウォーカー循環の強弱の繰り返しによるものであると理解されています。

**図 12.2** は、タヒチとダーウィンの地上気圧の差で定義された南方振動指数の時系列です。正負の値が交互に繰り返され、振動している様子がわかります。このような、気象要素に見られる遠隔地域間の相関関係を**テレコネクション**（teleconnection）と呼んでいます。日本語訳は定まっていませんが、遠隔結合とか遠隔伝播とも呼ばれています。南方振動は低緯度地域での代表的なテレコネクションです。

ここで注意しなければならないのは、相関関係の有無を判断するため

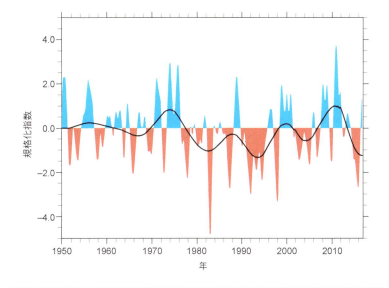

**図12.2 南方振動指数の時系列**
タヒチとダーウインの地上気圧の差で指数を定義。

に統計をとる期間の長さです。短い期間で統計的に有意な相関が得られても、統計期間を延ばすと相関が全く見えなくなることがしばしばあります。その場合はテレコネクションとはいえません。長期間の観測データでも有意な相関関係が得られて初めて、その現象がテレコネクションであると認められます。南方振動は、過去100年間を超えるデータにおいても明瞭な相関関係を示すテレコネクションです。気候解析においては、平年値を30年平均で求める場合が多いので、テレコネクションと呼べる現象は、短くとも30年間の観測データに基づいて定義するのが適切でしょう。

## 2 北半球のテレコネクション

　テレコネクションは低緯度地域だけではなく、両半球の中高緯度地域でも見られます。南方振動は地上気圧の相関関係で定義されていましたが、今度は北半球の対流圏中層の500 hPa高度における相関関係に注目

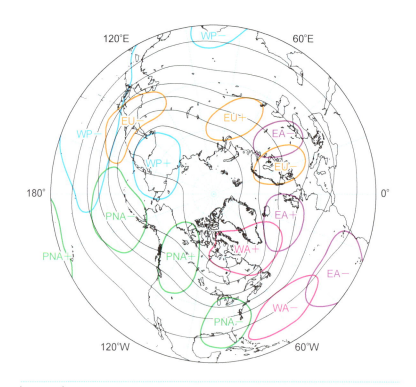

**図12.3 北半球冬季にみられるテレコネクション・パターン（色実線）**

細実線は平年の500 hPa高度の等値線を示す。

出典：Wallace and Gutzler（1981）を改変

してみましょう。

　**図12.3**は、およそ30年間の統計データに基づいて、500 hPa高度場の相関関係を北半球全体にわたって調べた結果をまとめたものです。全部で5つのテレコネクションが見つかっており、それぞれ空間的な広がりを持ち、地域も異なります。これらはテレコネクション・パターンと呼ばれることもあり、各テレコネクション・パターンには略称がつけられています。図で色実線に囲まれた範囲が、テレコネクション・パターンが表れる地域で、2〜3文字のローマ字がそのパターンの略称です。たとえば、PNAと略称されたテレコネクション・パターンは、中部北太平洋から北アメリカにかけて広がる「PNA＋」あるいは「PNA−」と

書かれた4つの地域で表されています。互いに強い相関関係があることを示しており、正負の符号は、正符号の地域で気圧が高い（低い）と、負符号の地域では気圧が低く（高く）なることを意味しています。

異なる30年間のデータを利用すると、相関の強い地域の範囲などに少なからず違いが見られますが、この図とほぼ同様な結果が得られています。どの時期のデータかにかかわらず、相関の強い地域が地理的にほぼ固定されていれば、テレコネクションの存在が確からしいといえるでしょう。

テレコネクション・パターンは、しばしば数週間から数か月にわたって持続する場合があります。つまり、気圧の谷や峰が特定の地域にとどまりやすいということです。長く持続するテレコネクションは異常気象や深刻な気象災害の発生要因になります。そこで、テレコネクションという現象の力学的理解と、その予測が非常に重要です。次節では、テレコネクションの力学について解説していきます。

## 12.2 テレコネクションの力学

図12.3に示したようなテレコネクション・パターンには、第9章で取り上げた、惑星規模の大気波動（ロスビー波）が密接に関連しています。そもそも、流体中に波が生じるためには復元力が必要です。復元力があって初めて流体は振動します。たとえば津波は、重力が復元力として働くことで生じる重力波の一種です。それではロスビー波の復元力は何なのでしょうか。本節では、ロスビー波の力学を考えながら、テレコネクションの理解を深めていきましょう。

### 1 ロスビー波の復元力

第4章でコリオリ因子（コリオリパラメーター）を学びましたが、地球は球体であるため、緯度とともにコリオリパラメーターの大きさも変わります。つまり、低緯度と中高緯度ではコリオリ力の大きさが異なる

のです。これを地球の球面効果（慣例的にベータ効果）と呼んでいます。

実は、ロスビー波の発生には、このベータ効果が重要な役割を果たしています。すなわち、ロスビー波を生じさせる復元力は、緯度によるコリオリ力の違いなのです。ロスビー波は空間スケールがとても大きいので、流体が緯度方向に大きく変位すると、コリオリ力の大きさの違いを無視できません。大気や海洋の渦に関する保存則を用いて、具体的に説明しましょう。

## 2　渦位（ポテンシャル渦度）保存則

大気や海洋の渦を考える上で、渦管という流体で満たされた仮想的な円柱を導入します。渦管内ではその軸を中心に流体が回転しており、その回転の様子は軸に沿って一様です。たとえて言うならば、どこで切っても同じ顔（同じ回転）を現す金太郎飴のようなものです。

もし**図12.4**のように、渦管が何らかの原因で伸長すると、流体の回転（渦）はどうなるでしょうか。伸長前と後の**渦度**（渦の強さ）をそれぞれ$\omega_1$と$\omega_2$、同様に伸長前後の渦管の断面積を$S_1, S_2$とすると、以下の関係が成り立ちます。

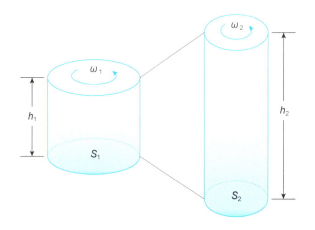

図**12.4**　ヘルムホルツの渦定理

$$\omega_1 S_1 = \omega_2 S_2 \tag{12.1}$$

もし体積一定のまま伸長すると、断面積$S$が減少するので（$S_1 > S_2$）、この関係式を満たすためには、渦度が大きくならなければなりません（$\omega_1 < \omega_2$）。このような渦の性質は**ヘルムホルツの渦定理**と呼ばれています。

また、渦管の質量は保存するので、渦管内の流体の密度を$\rho$、渦管の長さを$h$、渦管の質量を$M$とすると、質量は$M = \rho S h$で表されます。そこで、式（12.1）の両辺を$M$で割ると、

$$\frac{\omega_1}{\rho_1 h_1} = \frac{\omega_2}{\rho_2 h_2} \tag{12.2}$$

となります。ここで、大気や海洋は、（流速と音速の比が約0.3を超えるような）高速で運動する場合を除き、非圧縮性流体（密度一定）と考えて差支えないので、$\rho_1 = \rho_2$です。したがって、

$$\frac{\omega_1}{h_1} = \frac{\omega_2}{h_2} \tag{12.3}$$

が成り立ちます。この渦度と渦管の長さの比を**渦位**（または**ポテンシャル渦度**）と呼び、式（12.3）は、渦管の伸縮が生じても渦位は不変である（渦位は保存される）ことを意味しています。

渦位は、大気や海洋の渦の振る舞いを理解する上で非常に重要な保存量です。大気や海洋は地球表面に薄くへばりついているようなものなので、地球の回転運動（自転）によって渦度成分をもちます。第4章で学んだコリオリパラメーター$f$がそれであり、**惑星渦度**とも呼ばれています。また、惑星渦度とは異なる渦管独自の渦度（**相対渦度**）$\zeta$もあります（$\zeta$はゼータと読みます）。$\zeta$の符号は正が反時計回りの回転、負が時計回りの回転と定義されます。したがって、大気や海洋の渦について説明する渦位保存則は一般的に

$$\frac{f + \zeta}{h} = const. \tag{12.4}$$

と書けます。式（12.4）左辺の分子である惑星渦度と相対渦度の和$f + \zeta$は、絶対渦度と呼ばれています。

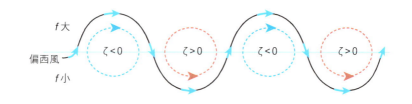

| 図12.5 | 渦位を保存するように緯度方向に偏西風が蛇行する

### 3 ロスビー波—渦位を保存する波

　上記の渦位保存則において、もし流体層の厚さ（渦管の長さ）$h$が変わらないとすれば、惑星渦度$f$と相対渦度$\zeta$の合計、すなわち絶対渦度の保存だけを考えればよいことになります。まず、北半球の偏西風帯で東へ流されている空気が北へ転向しようとしている状況を考えましょう（**図12.5**）。高緯度ほど$f$が大きくなるので、渦位保存則を満たすためには$\zeta$は小さく（時計回りの流れに）ならなければなりません。時計回りの流れが生じるため、空気は元の緯度に戻ろうとします。反対に、西風がもし南へ転向しようとすると、$f$は低緯度ほど小さくなるで、$\zeta$は大きく（反時計回りの流れに）ならなければなりません。すると反時計回りの流れが生じるため、やはり空気は元の緯度に戻ろうとします。結果的に、空気は南北に振動することになります。

　非常に粗っぽい説明ですが、この流体の緯度方向の振動現象が**ロスビー波**です。つまり、ロスビー波は、渦位が保存されることによって必然的に生じる波といえます。では、実際にロスビー波が生じる状況をいくつか見ていきましょう。

### 4 山岳強制によるロスビー波

　北半球冬季の3か月平均の大気循環を眺めてみると、中緯度偏西風帯に位置するロッキー山脈やチベット高原の風下側に、定常的な気圧の谷が観測されます。確かに改めて**図12.3**を見ると、500 hPa高度の等値線が低緯度側に偏っています。このような長期間の時間平均で見られる気圧の谷の存在は、傾圧不安定による偏西風の波動では十分に説明できま

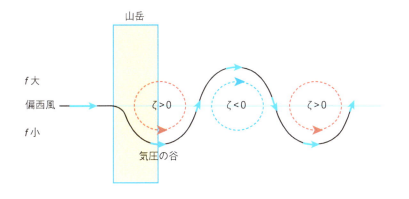

**図12.6** 大規模山岳を偏西風が乗り越えると、下流側で蛇行する

せん。

　ロッキー山脈やチベット高原のような大規模山岳を、偏西風に乗って渦管が乗り越える様子を想像してください（**図12.6**）。大規模山岳によって渦管が強制的に収縮させられるので、$h$は減少します。緯度が同じであれば$f$は変わらないので、式（12.4）の渦位保存則を満たすためには$\zeta$は小さく（時計回りの流れに）ならなければならず、西風が南の方向へ転向します。山岳を越えるともう$h$は不変なので、あとは先ほどのように、$f$と$\zeta$だけ考えればよいことになります。つまり、南（緯度の低い側）へ転向した流れは$f$が小さくなるので、反対に$\zeta$は大きく（反時計回りの流れに）なり、流れは元の緯度に戻ろうとするのです。

　大規模山岳風下側のこの反時計回りの流れが、気圧の谷に対応します。ロスビー波が定常的な気圧の谷の形成に大きく寄与しているのです。大規模山岳によって生じるロスビー波は特に**地形性ロスビー波**と呼ばれています。

## 5 熱的強制によるロスビー波

　ロスビー波はこのような山岳強制だけではなく、活発な積雲対流活動に伴う潜熱の放出、すなわち熱的強制によっても励起されます。**図12.7**は、赤道付近の熱的強制でロスビー波が励起され、テレコネクショ

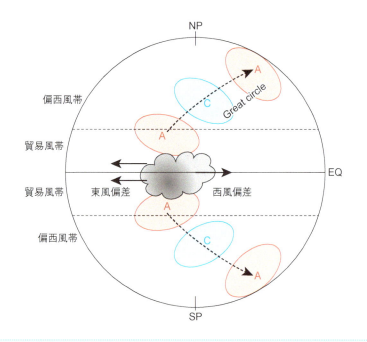

**図 12.7　テレコネクションの模式図**

熱帯対流活動が励起源となって、大円コースで伝播するロスビー波。対流圏上層の大気の応答の様子を示す。図中の"A"、"C"は高気圧、低気圧の渦を示す。

ンをもたらす様子を示しています。

　必ずしも同じメカニズムではありませんが、熱的強制によるロスビー波の励起からテレコネクションまでの一連の現象は、池に小石を投げ込んだときに波紋が同心円状に広がっていく様子と似ています。そのような波紋が生じる理由を考えてみましょう。まず、小石の投入によって池の水面の一部が上に変位します（位置エネルギーが高くなります）。そのエネルギーが波紋（重力波）という形で四方八方に運ばれるのです。エネルギーを四方八方に運んでしまえば、水面は元どおり（静水圧平衡の状態）になります。

　もし熱帯で大雨が降ると、潜熱で周囲の大気が急に加熱されるため、熱的強制によって強い上昇気流が生じます。上昇気流に伴って対流圏上層の空気が緯度方向に大きく変位すると、そのエネルギーがロスビー波

を介して熱帯から中高緯度へと運ばれます。その様子を示したのが**図12.7**です。つまり、潜熱放出による熱的強制が小石の役割を果たしているのです。

ここでは詳しい説明は省略しますが、波のエネルギーが四方八方に伝わっていく津波のような重力波とは異なり、球面上のロスビー波のエネルギーは必ず東へ伝播していきます。南北方向には制約はありません。図に示すように、北半球あるいは南半球では熱帯から中高緯度へと高気圧、低気圧、高気圧の渦列が順に形成されます。

### 6 エルニーニョ現象とテレコネクション

エルニーニョ現象は第8章で説明したように、中部・東部熱帯太平洋の海水温が上昇する現象であり、海水温の上昇に伴い対流活動が活発化し、多量の降水をもたらします。**図12.7**は、エルニーニョ現象に伴う熱的強制によって生じたテレコネクションを説明している、といっても過言ではありません。**図12.3**にも示されているPNAパターンは、エルニーニョ現象と関連して出現すると、カリフォルニアなどの北アメリカ西岸で暖冬・多雨、北アメリカ南東部のフロリダ半島周辺で寒冬・大雪などの極端な気象をもたらす場合があります。エルニーニョ現象がロスビー波の伝播を介して中高緯度の天候に大きな影響を与える1つの好例です。

エルニーニョ現象はなぜ地球規模の異常気象と関係しているのでしょうか。それは、エルニーニョ現象に起因したテレコネクションが遠隔影響の主な担い手となっているからである、と考えられます。次節以降では、日本に異常気象をもたらすテレコネクション・パターンに焦点を当てます。

## 12.3 冬季のテレコネクション・パターン

テレコネクションに関係するロスビー波はどこでも一様に伝播するわ

けではなく、伝播しやすい場所があります。それを**導波管**と呼びます。最も伝播しやすい場所は偏西風ジェットの領域です。第7章で学んだように、ユーラシア大陸上には亜熱帯ジェットと寒帯前線ジェット（亜寒帯ジェット）が存在します。これらのジェット気流が導波管として作用すると、ロスビー波がジェットに沿って効率的に東へ伝播します。偏西風の上流側から伝播してくるロスビー波は、東アジアの大気循環に大きな影響をおよぼします。2つのジェットの近傍に位置する日本に異常天候をもたらす要因は、主として西方からやってくると考えることもできます。

## 1 亜寒帯のテレコネクション

図 **12.8** は、ユーラシア北部の寒帯前線ジェットに沿う、冬季のテレ

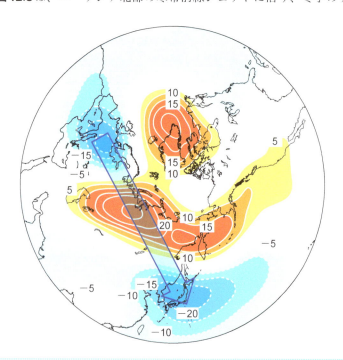

| 図 **12.8** | 寒帯前線ジェットに沿うテレコネクション・パターン

陰影は500 hPa高度偏差（m）を示す。

コネクション・パターンを示しています。等値線は500 hPa高度の平年偏差で、正偏差は高気圧偏差、負偏差は低気圧偏差を意味します。ヨーロッパに低気圧偏差、中央シベリアに高気圧偏差、日本付近に低気圧偏差が見られますが、これは**図12.3**のEU−, EU＋, EU−として示したテレコネクション・パターンと同じものです。この気圧偏差の配置はユーラシアン（Eurasian）パターンとして知られています。

**図12.8**に示すような偏差分布になると、寒帯前線ジェットは大きく蛇行し日本上空では気圧の谷が深まります。その結果、ユーラシア大陸から寒気が南下し、日本は寒冬傾向になります。もし偏差の符号が反転すると、日本上空では気圧の峰が形成され、暖冬傾向になります。

## ② 亜熱帯のテレコネクション

ユーラシアンパターンのような亜寒帯のテレコネクションとは別に、亜熱帯ジェットを導波管とするロスビー波伝播も重要です。北半球冬季では、ユーラシア大陸上の亜熱帯ジェットが低緯度へ南下してくるため、ロスビー波の熱的強制になる熱帯対流活動の直接的影響を受けやすくなります。つまり、ロスビー波の励起源に導波管が接近するため、伝播しやすい環境が形成されるのです。

亜熱帯のテレコネクションの典型例として、北信越地方に甚大な雪氷災害をもたらした平成18年豪雪（気象庁が命名）があげられます。この豪雪は主に2005年12月から2006年1月前半にかけてもたらされました。2005年12月は、シベリア高気圧とアリューシャン低気圧が共に強まることで日本付近で東西気圧傾度が大きくなり、過去50年間で最も強い北西季節風がもたらされたことがわかっています。この季節風の極端な強さが豪雪発生の主要因です。豪雪時はラニーニャ的な状態で、フィリピン海・南シナ海付近で活発な熱帯対流活動が生じていました。

その時の亜熱帯ジェットの様子を模式的に示したのが**図12.9**です。活発な熱帯対流活動による潜熱の放出が熱源となって、南シナ海の北に位置する亜熱帯ジェット上に高気圧偏差が生成されます。そしてジェット下流側に低気圧偏差が形成されていき、亜熱帯ジェットは極端に蛇行

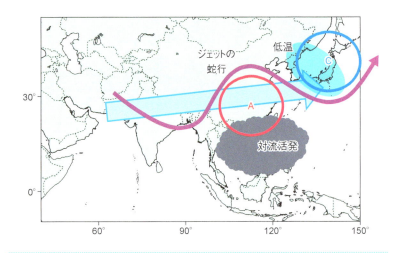

図12.9 亜熱帯ジェットに沿うテレコネクション・パターン
図中の"A"、"C"は高気圧、低気圧の渦を示す。

し始めます。その様子は図12.7とも矛盾しません。図に示されているように、ジェット下流の低気圧偏差は日本上空に位置しているので、気圧の谷が深まることで北西季節風が強まり、日本は寒波に晒されます。平成18年豪雪の際には、特に亜熱帯ルートのロスビー波の伝播が顕著に見られましたが、同時にユーラシアンパターンも出現していました。2つのテレコネクションの複合が極端な寒冬、豪雪をもたらしたと指摘されています。

## 12.4 夏季のテレコネクション・パターン

　北東アジア、主に中国、韓国そして日本の夏の天候を左右する高気圧として、太平洋高気圧（または小笠原高気圧）、オホーツク海高気圧、チベット高気圧がしばしば取り上げられます。これらのせめぎ合いで猛暑や冷夏がもたらされるという説明は簡潔ですが、なぜ高気圧が弱くなったり強くなったりするのかという素朴な疑問には何も答えていま

せん。

その疑問に答えるために、テレコネクションの概念を適用してみましょう。球面上のロスビー波のエネルギーの伝播方向はいつも東向きなので、荒っぽい言い方をすると、日本の猛暑や冷夏をもたらす原因は常に西にあるということになります。前に述べたように、西側のあらゆる場所から波が伝播してくるというわけではなく、波が伝播しやすいルート（導波管）が複数存在しています。

## 1 3つのテレコネクション

夏季においても、冬季と同様に亜寒帯のテレコネクションと亜熱帯のテレコネクションが見られます。**図12.10a**は、対流圏中層（500 hPa面）の寒帯前線ジェットに沿って高気圧偏差、低気圧偏差、高気圧偏差が連なるテレコネクションです。このテレコネクションが出現すると、オホーツク海高気圧が極端に発達しやすくなります。オホーツク海高気圧が異常に持続すると、北日本の太平洋沿岸地域にヤマセと呼ばれる冷涼な北東気流が流れ込み、低温と日照不足で1993年のような深刻な冷害を発生させることがあります。

**図12.10b**は対流圏上層（200 hPa面）の亜熱帯ジェットに沿うテレコネクションで、シルクロードパターンとも呼ばれています。高気圧偏差、低気圧偏差が交互に連なり、太平洋を横切り北アメリカ大陸まで延びています。日本付近では、このテレコネクションが小笠原高気圧（あるいは太平洋高気圧の西端）を極端に強めて、1994年のような猛暑をもたらす、と指摘されています。また、シルクロードパターンの出現には、ヨーロッパでのブロッキングなどが関与しているようです。

夏季のテレコネクションの冬季との大きな相違点は、3つめのテレコネクション・パターンが存在することです。それはPJ（Pacific-Japan）パターンと呼ばれるテレコネクションで、対流圏中層・上層に見られる上述の2つのテレコネクションとは異なり、対流圏下層（850 hPa面）でその構造が顕著です。フィリピン付近で積雲対流活動が活発化すると、北西側の対流圏下層で低気圧偏差が形成され、一方、北

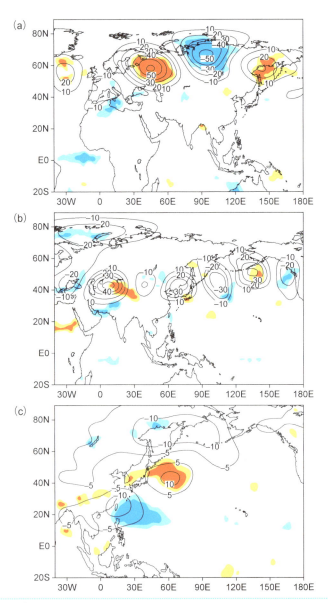

**図 12.10　夏季日本の天候に影響を与えるテレコネクション**

等値線はそれぞれ 500 hPa，200 hPa，850 hPa 面の高度偏差（m）を示す。陰影は赤外放射量の偏差で，寒色は負偏差，暖色は正偏差を表す。熱帯では低い値ほど対流活動が活発であることを示す。

出典：Wakabayashi and Kawamura（2004）を一部改変

東側の日本付近で高気圧偏差が強まります（**図12.10c**）。優勢な高気圧の持続は日本に猛暑をもたらします。

　これら3種類のテレコネクションは単独あるいは複合して出現し、特に複合した場合、日本は極端な冷夏や猛暑に見舞われる傾向があります。太平洋高気圧とチベット高気圧の重ね合わせが猛暑の原因になった、という天気解説も度々耳にします。しかし、シルクロードパターンあるいはPJパターンがどちらか単独で出現しても、両方の高気圧が強まったように見えます。高気圧の重ね合わせ自体はあくまでも結果であり、猛暑の原因ではありません。

## ② 台風がロスビー波を励起する？

　積雲対流活動による潜熱の放出がロスビー波の励起源になることは、既に学んだとおりです。それでは、PJパターンを生じさせるフィリピン付近の対流活動はどのような気象擾乱に起因するのでしょうか。単独の積乱雲では空間スケールが小さすぎますし、熱源としても弱すぎます。積乱雲の集団（**クラウドクラスター**）でも空間スケールは100 km程度です。空気が緯度方向に大きく変位するためには、より空間スケールが大きな、より強い熱源が存在しなければなりません。

　その条件を満たすのが、数百kmから1000 km程度の空間スケールを持つ**熱帯低気圧（台風）**です。台風は多量の潜熱のために、対流圏上層で強い水平発散をもたらします。そのため、台風が中緯度偏西風帯に接近すると、ジェット気流（導波管）のところで空気が北へ大きく変位させられ、ロスビー波を励起するのです。

　**図12.11**は、8月に南西諸島付近を通過する台風の経路と最大発達位置、および台風熱源がもたらす周囲の気圧分布（850 hPa高度分布）の変化を偏差で示したものです。台風が作り出す低圧部と東日本・北日本上空の高気圧偏差がみられ、PJパターンの空間構造を示しています。つまり、南西諸島周辺の台風がロスビー波を励起し、その伝播によって東日本・北日本の高気圧が局所的に強められる、という遠隔影響が生じているのです。

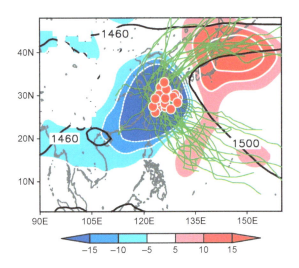

**図12.11** 台風熱源によって励起されたPJパターン

カラーの陰影は850hPa面の高度偏差（m）、赤丸印は台風の最大発達位置、緑線は台風の経路を示す。
出典：Hirata and Kawamura（2014）

　このように、PJパターンの発生には台風や熱帯低気圧が大きく関わっています。そのため、PJパターンの予測精度を上げるためには、台風活動の適切な予測が不可欠です。また、日本の猛暑や冷夏などの実用的な中長期予測には、台風予測と併せて3種類のテレコネクション・パターンの出現予測が必要となります。いずれの予測についても、さらなる予測技術の向上が求められています。

**Column**

## 金沢で大雪が降ると、数日後にハワイは嵐に見舞われる？

　南岸低気圧のように日本周辺で温帯低気圧が急発達すると、西高東低の気圧配置が強まり、大陸から強い寒気が吹き出して、金沢や富山などの日本海沿岸地域に大雪をもたらすことがあります。一方で、爆弾低気圧は台風と同様に対流圏上層で強い水平発散場を伴うため、ロスビー波の励起源となりうるポテンシャルを持っています。実際に、急発達しながら日本付近を通過した爆弾低気圧に起因する波列パターンが、北太平洋を横切るように南東方向に形成される様子が観察されました。このようなロスビー波の伝播によって、ちょうど下流方向のハワイ諸島の北西付近では対流圏上層の気圧の谷が強まります。気圧の谷は下層の低気圧を発達させるため、ハワイはしばしば冬の嵐（現地ではコナストームと呼ばれています）に見舞われます。

　金沢出身でハワイ在住のある方が「金沢で大雪が降ると、二、三日後にハワイで嵐になる」と、信じられないような話をされていました。しかしこれは、「風が吹けば桶屋がもうかる」のような根拠のない話ではありません。球面上のロスビー波の伝播という確かな物理的背景を持った、テレコネクションの1つの好例だと考えられます。

221

Introduction to **Meteorology**

第III部｜最先端の気象学

# 第13章 気候変動のメカニズム

　地球環境はさまざまな要因で変動します。最近の気象観測技術やコンピュータシミュレーションの発達により、過去の変動はどのようなものだったのか、そして今後どのように変化していくのか、詳しくわかるようになってきました。本章では、過去から未来にわたる変動と、その要因について見てみます。

## 13.1 ミランコビッチ・サイクルと氷期

　温度計を使った気温の観測が始まって約300年が経ちました。その観測結果から、20世紀後半以降、地球の気温が急激に上がっていることは、地球温暖化としてよく知られています。では、温度計が発明される前はどうだったのでしょうか？　大昔の気温はわかるのでしょうか？

### 1 太古の地球の気温を推定する

　実は、温度計で直接測れなくても、過去の気温はある程度推定することができます。よく知られている推定方法は、木の年輪を利用するものです。年輪は1年に1個ずつ増えていくので、いちばん外側から何番目かを数えれば、その年輪ができた年代が正確にわかります。また、暖かい年には木がよく成長するので年輪の幅が広くなり、寒い年には逆に年輪の幅が狭くなります（**図13.1**）。つまり、年輪の幅からその木が生えている地域のおおよその年平均気温が推定できるわけです。最も古い木の樹齢は1万年程度なので、年輪を利用する方法で1万年くらい前までの気温が推定できます。この方法で、中世が寒かったことや、縄文時代が暖かったことがわかっています（**図13.2**）。

では、もっと昔の気温を推定する方法はあるのでしょうか？　答は「イエス」です。気候科学者はさまざまな方法を編み出してきました。

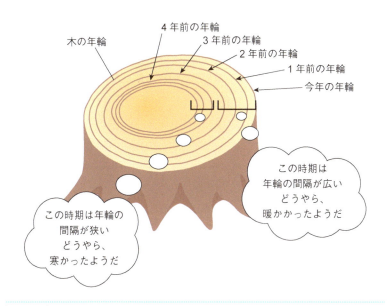

図 13.1 | 木の年輪から過去の気温を推定する

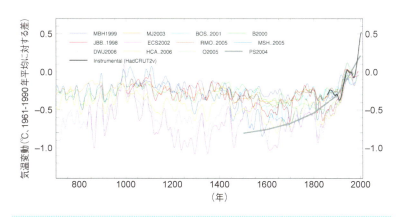

図 13.2 | 過去1300年間の北半球の気温変動

黒線は温度計による観測。他の色の線は年輪からの推定値。

## 2 太古の気候変動のタイムカプセル —— 氷床コア

1つの方法として、南極やグリーンランドの氷床を使うものがあります。氷床とは、南極やグリーンランドの表面を覆っている氷のことです。ヨーロッパアルプスやロッキー山脈にある氷河と基本的に同じものですが、大陸スケールの大きなものを氷床と呼んで区別しています。このぶ厚い氷の塊は、降り積もった雪が押し固められて形成されました。積もった雪の上にさらに雪が降り積もり、その重みで固まったのです。したがって、深い部分の氷ほど古い時代の氷からできています。具体的にどの年代の氷であるかは、氷中に存在する火山灰の層から推定します。火山の大噴火が起きると、その火山灰は世界中にまき散らされ、降り積もります。火山灰の成分分析からそれがどの火山によるものかを同定し、他の資料から求めた火山の噴火記録とつき合わせるのです。

氷床中の氷は、雪が降った当時の「タイムカプセル」と考えることができます。氷床の厚さは南極の最も深いところでは3000mにも達し、その氷は非常に古い時代の環境を反映しています。これまでのさまざまな分析により、南極氷床の最深部は、約80万年前に降った雪からできたことがわかっています。いろいろな深さの氷床を分析することにより、過去数十万年分の気温の変遷を推定できることになります。

氷床から過去の気温を推定するシグナルは、氷を構成する水分子（$H_2O$）中の酸素にあります。酸素には質量数16、17、18の3種類の安定同位体が存在し、それぞれ $^{16}O$、$^{17}O$、$^{18}O$ と表記されます。地球上で一番多いのは $^{16}O$ で酸素全体の約99.8％、次が $^{18}O$ で約0.2％、$^{17}O$ はわずか0.04％程度です。存在比で表すと、$^{18}O/^{16}O = 0.002$ となります。ただし、氷中の $^{18}O$ と $^{16}O$ の存在比はいつの時代も同じだったわけではなく、気温が高いと $^{18}O$ の割合が増え、低いと減ることが知られています。つまり、氷床中の酸素同位体比（$^{18}O/^{16}O$）を調べることで、当時の気温が推定できるのです。

実際には、南極やグリーンランドの氷床を柱状にくり抜いて、いろんな深さの氷の酸素同位体比を測定します。くり抜かれた氷柱を**氷床コア**といいます。氷床は深い場所ほど古いので、氷床コアのさまざまな深さ

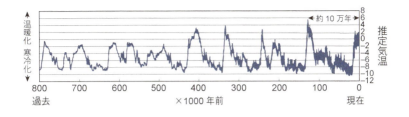

**図13.3** 南極の氷床コアの分析から求められた過去80万年間の気温変動

における酸素同位体比から過去の気温を推定することができます。氷床の深いところの氷を取り出して過去の気候変動を調べることは、日本を始めさまざまな国の南極観測隊の重要な仕事の1つです。これまでに、南極では最深部まで氷床コアが掘削され、酸素同位体比が測定され、過去80万年の気温が再現されました。

### 3　ミランコビッチ・サイクルの発見

図13.3は、南極の氷床コアを分析して推定した過去80万年間の気温変動を表しています。線が下の方にある時期が寒冷期、上の方にある時期が温暖期です。この寒冷期が氷期、温暖期が間氷期と呼ばれています。図をよく見ると、約10万年の周期で**氷期**と**間氷期**を繰り返していることがわかります。氷期・間氷期に10万年の周期があるということは、氷期の要因には何らかのメカニズムがあるのかもしれません。

セルビアの天文学者ミランコビッチ (Milutin Milanković, 1879–1958) は氷期の間隔に周期性があることを知り、その原因を詳細に調べました。そして、地球の自転・公転運動の変動による日射量の変動周期と、氷期・間氷期の周期とがよく一致することを見つけました。1920年頃のことです。この日射量の周期的な変動は、発見者の名前にちなんで**ミランコビッチ・サイクル**と呼ばれています。

### 4　公転と自転の変動

地球は太陽の周りを公転していて、また自転もしていますが、どちら

の運動も一定ではありません。たとえば、地球の公転軌道は楕円形ですが、その**離心率**は約10万年の周期で変動しています（**図13.4**）。離心率とは、楕円の真円（完全な円）からのひしゃげ具合を示す指標です。楕円の離心率は0〜1の間の値をとり、ゼロの場合は完全な円に等しく、大きいほど（1に近いほど）ひしゃげていることを意味します。地球の公転軌道の離心率は、周期約10万年で、0.0005〜0.0543の間を変動して

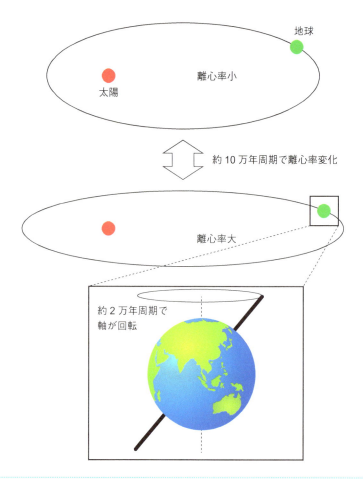

**図13.4 ミランコビッチサイクルの原理**

地球の公転軌道離心率の変動と歳差運動などにより、地球に降り注ぐ日射量が変化する。

いきます（現在の値は0.0167）。

公転軌道の離心率が変動すると、太陽・地球間の距離の季節差が変動します。つまり、地球が受ける日射量は10万年周期で変動するわけです。公転軌道の離心率が大きい期間は、1年の中で太陽に近い季節と遠い季節が生じます。太陽から遠い季節には気温が下がるので、陸地のうち雪で覆われる部分が増えるため、アルベドが大きくなります。このため、太陽からの放射エネルギーのうち反射される割合が増え、地表面が受け取るエネルギーが減ることになります。離心率が大きい期間は気温が下がり、氷期となり、逆に離心率が小さい期間が間氷期となるのです。

公転軌道の離心率だけでなく、地軸（自転軸）の傾きも周期的に変化します。現在、地軸は公転面に対して23.4度傾いていますが、この傾きは、約4万年周期で22.1度から24.5度まで変化します。また、自転軸の向きも約2万年周期で変化しています（**歳差運動**といいます）。ミランコビッチ・サイクルはこれら3種類の変動の組み合わせとして現れるので、単純な10万年周期の日射量の変動ではありません。したがって、氷期・間氷期の変動周期も、かなり複雑です。

## 5 ミランコビッチの仮説を支持する証拠

発表当時、ミランコビッチの説は受け入れられなかったようです。地球の公転・自転の変動と氷期・間氷期という、まったく異なる現象が強く関係しているとは、当時の常識では考えられなかったのでしょう。ウェゲナーの大陸移動説が当初受け入れなかったことは有名ですが、それと似ています。

ミランコビッチの説が注目されるようになったのは、1970年代になってからです。海洋底の掘削が行われるようになり、採取された有孔虫化石の酸素同位体比を分析した結果が、ミランコビッチの説を支持したのです。有孔虫は石灰質の殻を持っており、この殻は有孔虫の死後も海底堆積物中に保存されます。ちなみに、沖縄土産で有名な星の砂も有孔虫の殻です。有孔虫の殻に含まれる酸素同位体比は、その個体が生きていた時代の気温（海水温）を反映することが知られています。氷床コア中

の酸素同位体比と同様に、有孔虫の殻の酸素同位体比からも昔の気温が推定できるのです。

今では、ミランコビッチ・サイクルが数万年〜数十万年スケールの氷期・間氷期サイクルの要因であるという考えは、広く支持されています。現在は、約6万年続いた最終氷期の後の間氷期にあたり、この間氷期はすでに1万年続いています。

## 13.2 熱塩循環と気候

大気には、赤道付近の熱帯で上昇して亜熱帯で下降するという、地球規模の大規模鉛直循環があります（7.1節参照）。ハドレー循環と呼ばれるこの大気の流れが、世界各地の気候形成に寄与しています。似たような地球規模の鉛直循環が海洋にもあり、こちらも各地の気候に大きな影響をおよぼします。本節では、海洋の循環に目を向けましょう。

### 1 海洋の鉛直循環の原動力

海洋の大規模鉛直循環を駆動しているのは、海水の凍結に伴う局所的な塩分増加や、大気との熱のやりとりに伴う冷却です。大気の鉛直循環と海洋の鉛直循環は、原動力がまったく異なります。

ここで、7.1節で学んだハドレー循環の原動力についておさらいしておきましょう。ハドレー循環を駆動するのは日射です。日射により赤道付近の海面や陸面が暖められ、その熱で空気が暖められます。すると、膨張して軽くなった空気が上昇し、上昇した空気中の水蒸気が雨となって降ります。このとき、空気は水の凝結熱（潜熱）でさらに暖められて上昇し、ハドレー循環が駆動されます。一方、日射で海面が暖められても、海水の上昇・下降は発生しません。なぜなら、海面を暖めると膨張して軽くなるため、海面付近の海水は下降できなくなるからです。海水の鉛直循環の原動力となりうるのは、海洋表層の水を重くする作用か、深層の水を軽くする作用です。

## 2 熱塩循環のメカニズムと概要

実際に、海洋表層の水を重くする作用が働く場所、すなわち海水の沈み込み域があります。それは、北極海に面しているグリーンランド付近です。ここでは、海水の凍結が盛んに起きているのですが、その結果として、重い海水が形成されているのです。海水からできる氷の中には塩分はあまり含まれず、まだ凍っていない周囲の海水中に塩分が取り残されるという性質があります（**図 13.5**）。つまり、海水凍結が盛んなグリーンランド付近では、海水中の塩分が高いわけです。塩分が高くなると海水の比重は大きくなり、また大気からの冷却によっても密度が増加し、沈み込むようになります。グリーンランド近海は、世界的に見て海水の沈み込みがとくに起きやすい場所です。

グリーンランド近海で大規模に沈み込んだ海水は、大西洋の海底付近を南下し、南極付近に達します。南極近海の一部でも同様の沈み込みがあり、グリーンランド近海から南下してきた深層水と合流します。合流

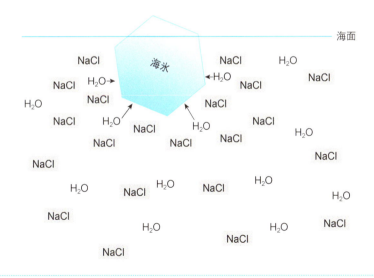

**図 13.5** 海水の沈み込み

海水は凍結して海氷となる際、塩分は取り残されるため、海氷周囲の海水中の塩分が高くなる。塩分の高い海水は相対的に重いため、沈み込む。

**図13.6** 現在の熱塩循環の構造

赤線が表層付近の流れ、青線が深層の流れ。

した流れはインド洋の海底を通って太平洋に達します。北太平洋で沈み込みが生じることはありません。ベーリング海峡は狭くて浅いため、太平洋と北極海との間に大規模な海水の流れが生じません。そのため、海水凍結も起こりにくいのです。こうやって、北太平洋北部で大規模な湧き上がりが生じます。

このような海洋の大規模循環は塩分と熱（大気による冷却）によって駆動されるので、**熱塩循環**と呼ばれています（**図13.6**）。熱塩循環は非常にゆっくりとした流れで、コンピュータシミュレーションによると、地球を1周するのに約1000年もかかるようです。

### 3 熱塩循環の大気への影響

熱塩循環の原動力としての大気の影響は、ここまで述べてきたとおりです。一方で、熱塩循環が大気に大きな影響を与えることもわかってい

ます。海洋の熱容量は大気と比べて数百倍も大きいので、その海洋の運動が少しでも変わると、気温も大気の流れも大きく変わります。また、グリーンランド付近で沈み込み、北太平洋で湧き上がる現在の熱塩循環構造は必然ではありません。現在たまたまそうなっているだけで、主な沈み込み域が南極付近であってもおかしくないことが、コンピュータシミュレーションからわかっています。

では、現在の熱塩循環は大気にどのような影響をおよぼしているのでしょうか。現在の熱塩循環ではグリーンランド付近が主な沈み込み域なので、北大西洋では暖かいメキシコ湾流が高緯度にまで流れ込みます。ヨーロッパは緯度が高い割に暖かい気候になっているのは、この暖流のおかげです。もし、主な沈み込みの場所がグリーンランド付近から南極付近へと変わったら、ヨーロッパは途端に寒くなってしまうかも知れません。

## 13.3 温室効果気体と地球温暖化

第2章で述べたように地球は太陽の放射エネルギーを受け取り、その一部を赤外線として宇宙空間に放出しています。受け取るエネルギーと放出するエネルギーのバランス（放射平衡）で、地球の平均気温は決まっています。

### 1 温室はなぜ暖かいのか

現在の地球の平均気温は、世界中の観測によれば約15℃です。一方、理論計算によれば、大気の温室効果がなければ地球の平均気温は−18℃くらいになることがわかっています。大気の温室効果が気温を30度以上上昇させているわけです。

温室の中が暖かい理由は、温室と外気を隔てるガラスやビニールにあります。温室も、太陽放射で暖まり、赤外線を放出して冷えるという点は、地球の放射平衡の場合と同様な論理です。ただし、温室と外気の間

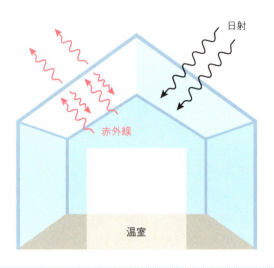

**図 13.7　温室における放射エネルギーの流れ**

ガラス・ビニールは日射に対しては透明だが、赤外線に対しては不透明。そのため、温室外からの日射はガラス・ビニールを透過して室内を暖めるが、室内から放出された赤外線はガラス・ビニールに吸収され、ガラス・ビニールの表面から一部は温室内へ再放出、一部は温室外へと放出される。このため、ガラス・ビニールから温室内へと再放出される赤外線が室内を暖めることになり、温室内は外気より暖かくなる。

にはガラスやビニールがあり、これらの物質は太陽放射の大部分を通す一方で、赤外線を吸収しやすいという性質があります。このため、温室内部から放出された赤外線はガラスやビニールに吸収されて、再放出されます。再放出される赤外線の一部は温室内部へ戻り、残りは外気へ放出されることになります（**図 13.7**）。つまり、ガラスやビニールがあるのとないのとでは、温室から外気へ放出される赤外線エネルギーの量が異なるというわけです。

## 2　地球を暖める二酸化炭素

　地球大気にも、同じような効果が働いています。つまり、赤外線放射を吸収する物質の存在により、エネルギーが宇宙空間に放出されにくく、地球の平均気温が上昇するというものです。この場合、ガラスやビニー

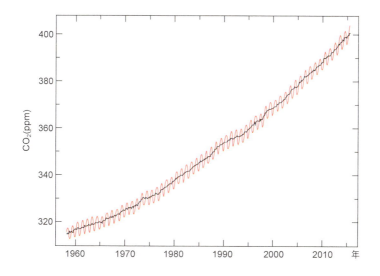

図13.8 ハワイ島マウナロア観測所で測定された過去50年間の二酸化炭素濃度の変動

ルに相当するのは、二酸化炭素を始めとする大気中の温室効果気体です。大気中の温室効果気体が増えると、地球表面から放出された赤外線のうちで大気に吸収される量が増えるため、地球が冷えにくくなるのです。

　図13.8はハワイ・マウナロアで観測された1957年以降の大気中の二酸化炭素濃度です。観測開始当時の濃度は320 ppm程度でしたが、次第に増加し現在では400 ppmを超えています。では、ハワイでの観測が始まる以前はどうだったのでしょうか。13.1節で紹介した氷床コアには、雪が降った当時の空気も気泡として閉じ込められています。この空気を分析することで、過去の大気中の二酸化炭素濃度の推定も可能です。氷床コアの分析から、産業革命以前の二酸化炭素濃度は280 ppm程度だったことがわかりました。

## 13.4 火山噴火

これまで見てきたように、地球の気温は、地球に入射する太陽放射と地球から出ていく赤外線との釣り合いで決まっています。この放射平衡が少しでも崩れると、気温は大きく変動します。この平衡を崩す要因の1つが二酸化炭素などの温室効果気体なのですが、その他にも平衡を崩す要因があります。その代表例が火山噴火です。

### 1 火山噴火がもたらす気温低下

大きな**火山噴火**は気温の低下をもたらすことが知られています。火山の噴出物が、温室効果気体とは別の方法で放射平衡を崩すのです。大噴火が起きると火山灰と共に大量の火山ガスが放出され、噴火の熱によって生じる上昇流に乗って、成層圏にまで運ばれます（**図13.9**）。火山ガ

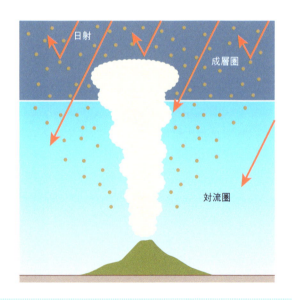

**図13.9** 火山噴火に伴って放出されたエアロゾル

対流圏のエアロゾルは雨や雪と共に数日で地表まで落ちるが、成層圏のエアロゾルは数年間浮遊する。

スの成分の1つである亜硫酸ガスは雲粒と結びつき硫酸エアロゾルとなります。硫酸エアロゾルは白くて太陽光を反射しやすいので、地表面にとどく太陽光を遮って、気温を下げる効果があります。火山灰は粒径が大きいので短時間で地上に落ちますが、硫酸エアロゾルは小さいため数年の間、成層圏を漂います。その間、地球が太陽から受け取るエネルギーは減少するため、大噴火後の数年間は気温が下がることになります。

1993年の日本の夏は冷夏で雨も平年より多く降りました。太陽はなかなか現れず、雨の日が続き、おかげで米の収穫量が大幅に落ち込みました。その結果、翌1994年に、日本各地で米不足におちいったことを記憶している方も多いことでしょう。1993年に日本に冷夏をもたらした原因の1つと考えられているのが、1991年に起きたフィリピンのピナツボ山の噴火です。ピナツボ山の噴火は、20世紀に起きた噴火の中で最も大きなものの1つでその影響は2〜3年続きました。

地球環境に大きな影響を与えた噴火はこれまでに何度も起きています。**表13.1**は主な大噴火の一覧です。ここで火山爆発指数とは、噴火に伴う噴出物（火山灰と溶岩の合計）の量をランク分けしたものです。指数

| 表13.1 | 主な大噴火 |

| 噴火時期 | 火山名 | 火山爆発指数 | 所在国 |
|---|---|---|---|
| 1991 AD | ピナツボ | 6 | フィリピン |
| 1912 AD | ノバラプタ | 6 | アメリカ |
| 1902 AD | サンタマリア | 6 | グアテマラ |
| 1883 AD | クラカトア | 6 | インドネシア |
| 1815 AD | タンボラ | 7 | インドネシア |
| 1783 AD | ラキ | 6 | アイスランド |
| 1257 AD | リンジャニ | 7 | インドネシア |
| 1610 BC | サントリニ | 7 | ギリシア |
| 4350 BC | 鬼界カルデラ | 7 | 日本 |
| 5680 BC | マザマ | 7 | アメリカ |
| 20000 BC | 姶良カルデラ | 7 | 日本 |
| 20600 BC | タウポ | 8 | ニュージーランド |
| 72000 BC | トバ | 8 | インドネシア |

6は噴出量10〜100 km³、指数7では100〜1000 km³、8は1000 km³以上に対応します。ピナツボ山の場合、噴出量は約10 km³と見積もられています。茨城県つくば市における観測によれば、ピナツボ噴火によって成層圏まで達したエアロゾルの量は平穏時の約100倍に達しました。

## 2 大噴火が人間活動に与えた影響

同様な大噴火が引き起こした歴史的出来事として、1780年代の天明の飢饉が挙げられます。飢饉の直接の原因は、冷夏が続き、米が不作となったことです。この冷夏をもたらしたのは、1783年のアイスランド・ラキ山の大噴火（火山爆発指数：6）と考えられています。ラキ山の大噴火はヨーロッパの気候にも大きな影響を及ぼしました。

さらに大きな噴火として、1815年のタンボラ山（インドネシア・スンバワ島）の噴火が挙げられます。この噴火は有史以来最大級で、噴出した火山灰の量は1991年のピナツボ山噴火の10倍にもなると推定されています。この噴火により、北米やヨーロッパは大きな影響を受けました。たとえば、噴火の翌年（1816年）の6月にカナダ東部やニューイングランドで雪が降り、吹雪で大きな被害が出たという記録が残っており、この年は「夏のない年（the Year Without a Summer）」と呼ばれています。もっとも、日本では飢饉などの記録が残されていないことから、タンボラ山噴火の影響を受けたのは欧米が中心だったようです。

世界各地の地層に含まれる火山灰の調査からは、地球全体に大きな影響を与えたであろう、さらに大規模な噴火が見つかりました。たとえば、インドネシアのスマトラ島では紀元前72000年ころに、ピナツボ噴火の数百倍の規模の大噴火が起きたと考えられています。現在のスマトラ島には長さ約100 km幅30 kmのトバ湖という名の湖がありますが、これはもともと大噴火の火口だったようです。最近の研究では、トバ火山の噴火で噴出された火山灰により、地上に届く太陽放射量が75％も減少し、そのため気温は15度くらい下がったと推定されています。また、その気温低下のため森林の大半が枯死してしまい、その回復には10年以上かかったと考えられています。

## 13.5 数十年規模変動

　地球の気温は温室効果気体の増加に伴って長期的に上昇していますが、過去100年を見ても、気温上昇は単調ではありません。10年〜数十年のスケールでも変動が見られます。ここでは、その変動の様子と要因について見てみます。

### 1 単調ではない地球温暖化

　**図13.10**は1891年以降の世界の年平均気温の平年値（1981年〜2010年の平均）からの差です。地球温暖化に伴って、年々気温が上昇しているのがよくわかります。しかし、毎年一定のスピードで温暖化が進んでいるわけではありません。単調に昇温する時期と、しばらく温暖化が止まったように見える時期とがあります。たとえば、1910〜1930年代は昇温が進んでいますが、1940〜1960年代はほとんど昇温していません（**表13.2**）。この後、1970年代以降は再び昇温が進んでいます。このよ

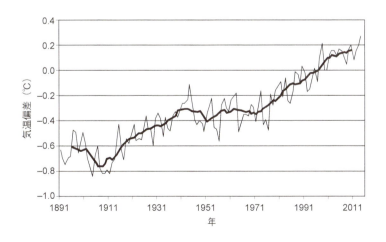

**図13.10** 過去120年間の地球の平均気温偏差の変化

地球温暖化に伴う昇温と数十年規模変動が重なっているため、急激な昇温期と停滞期を繰り返している。

表13.2 各期間の全球平均気温の昇温率

| 期間 | 昇温量（℃/100 年） |
|---|---|
| 1891〜2014 | 0.7 |
| 1911〜1940 | 1.1 |
| 1941〜1970 | −0.1 |
| 1971〜2000 | 1.4 |
| 2001〜2014 | 0.5 |

うに、温暖化に伴う昇温は数10年ごとに進んだり止まったりを繰り返しています。一方で、温暖化の主要因である大気中の温室効果気体の濃度は、この間増加し続けてきました。ということは、大気の温室効果とは別に、気温を変動させるなんらかのメカニズムがあるようです。

## 2 太平洋十年規模変動

　ある海洋における現象が数十年規模の気温変動を引き起こすことが知られています。それは、**太平洋十年規模変動**（Pacific Decadal Oscillation：PDO）です。PDOとは、熱帯太平洋と中緯度北太平洋の海面水温が、一方が平年より高い時には一方は低い、という変動を繰り返している現象のことです。PDOによる海面水温偏差のパターンを**図13.11**に示します。特徴的なのは、日本列島のちょうど東側にあたる北緯40度付近の低温域と、日付変更線付近から東の赤道付近の高温域です。これら2つの領域の海面水温はシーソーのような関係にあり、一方が低温だともう片方は高温になりやすい傾向があります。

　エルニーニョの場合も、西太平洋と東太平洋の熱帯域同士がシーソー関係にありましたが、PDOでは中緯度域と熱帯域が**シーソー関係**にあります。PDOがエルニーニョと異なるもう1つの点は、時間スケールです。エルニーニョは数年ごとに発生しますが、PDOは数十年という長い時間スケールを持っています。

　海面水温が**図13.11**のような分布をしている場合、世界の平均気温は高くなりやすく（「正のPDO」と呼びます）、逆のパターン（中緯度が正、

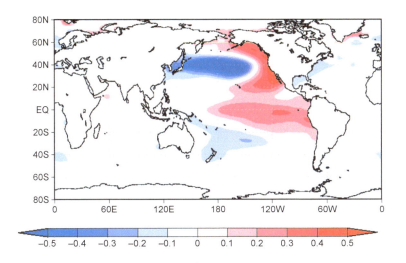

図13.11 太平洋十年規模変動による海面水温偏差の典型的なパターン

単位は℃。

熱帯が負、「負のPDO」）の場合は低温になりやすい傾向があります。実際の海面水温分布が図13.11とどの程度似ているかを数値化することで、PDOの変動を指数化することができます。図13.12は1900年以降の年々のPDO指数の変動です。1980～1990年代にかけてPDO指数が正になっています。これは、この時期に図13.11のような、日本の東の北緯40度付近が低温、東太平洋赤道域が高温偏差という状態が続いていたことを示しています。1980～1990年代の正のPDOの前には1950～1970年代の負の時期があります。さらにその前には、1920～1940年代の正の時期が見てとれます。20～30年ごとにPDOの符号が反転しているわけです。

これを世界の年平均気温を示した図13.10と見比べてみましょう。すると、正のPDO期には温暖化が急速に進み、負の時期には停滞していることがわかります。PDOが20～30年毎に地球温暖化の進展を加速・減速させているわけです。したがって、地球温暖化を正しく理解するには、数十年スケールという長い目でその変化を見る必要があります。

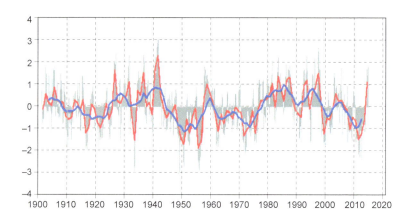

**図13.12** 太平洋十年規模変動指数の過去110年間の変動

灰色棒は月平均、赤線は年平均、青線は年平均の5年移動平均を示す。

　PDOが発見されたのは1990年代末のことで、PDOそのもののメカニズムも、地球温暖化への影響の仕方も、まだまだ詳しくは解明されていません。PDOの符号が反転するメカニズムはどのようなものなのか、そして温暖化が進んだ将来、PDOのメカニズムや周期は変化するのかなど、気候変動に対応するために、解明すべき課題です。

# 索　引

### アルファベット

A–train　182
ENSO現象　133
GNSS　182
TAO/TRITON観測網　168
Tタウリ段階　6

### あ行

圧力　55
亜熱帯ジェット　115
アボガドロの法則　69
アメダス　164
アルゴフロート　169
アルベド　25
アンサンブル予報　197
インド洋ダイポール現象　134
ウィンドプロファイラ　177
ウォーカー循環　108
渦位　209
渦度　208
エアロゾル　45
エクマン境界層　66
エクマン吹送流　125
エクマン・スパイラル　66
エルニーニョ現象　131
沿岸湧昇　129
鉛直シアー　63
オイラー記述　54
応力　55
オゾン層　153
オゾンホール　157

オホーツク海高気圧　117
温位　74
温室効果　20, 231
温帯低気圧　88
温暖前線　88
温度風　63

### か行

解析雨量　175
海面更正気圧　163
海面水温　166
海陸風　103
カオス　196
確率予報　197
火山噴火　234
過冷却　44
過冷却水滴　38
完全流体　55
乾燥断熱減率　77
寒帯前線ジェット　115
間氷期　225
寒冷前線　88
気圧計　161
気圧傾度力　55
気温減率　77
気象衛星　179
気象レーダー　173
季節予報　201
境界層　64
境界値　186
境界値問題　202
凝結核　45
極軌道衛星　181
極循環　110
局地循環　103
居住可能帯　16
クラウドクラスター　219
黒潮　124, 136

241

傾圧大気　64
傾圧不安定　89
傾圧不安定波　113
傾度風　65
傾度風平衡　65
決定論的予報　196
圏界面　31
原始大気　5
顕熱　24
光学的厚さ　40
降水　44
降水量　47
恒星　13
高層観測　164
コリオリ因子　60
コリオリパラメーター　60
コリオリ力　57

**さ行**

歳差運動　227
シーソー関係　238
ジェット気流　109
子午面循環　110
湿潤断熱減率　78
シャピロ　93
自由大気　64
自由対流高度　82
10種雲形　36
順圧大気　64
準2年振動　151
昇華凝結過程　45
条件付不安定　81
状態曲線　81
初期値　186
初期値問題　201
水温躍層　128
スーパーセル　99
数値予報　186

スペクトルタイプ　13
西岸境界流　128
静止衛星　179
静水圧平衡　70
成層圏　31, 141
静的安定度　79
静力学平衡　70
世界気象監視計画　180
世界気象機関　160
積雲　37
赤色巨星　14
赤道湧昇　129
積乱雲　37
全球モデル　192
線状降水帯　87
潜熱　24
層厚　71
相対渦度　209
相当温位　79
測高公式　71

**た行**

大気海洋結合モデル　199
体積力　54
台風　92, 219
台風の眼　97
太平洋十年規模変動　238
太陽風　5
対流圏　31
対流不安定　84
対流有効位置エネルギー　82
対流抑制　82
脱ガス　7
竜巻　98
暖水渦　140
地球型惑星　2
地球観測衛星　181
地形性ロスビー波　211

地衡風　62
地衡流　126
中規模渦　140
テレコネクション　204
転向力　57
導波管　214
突然昇温　147
ドップラーレーダー　175

## な行

南岸低気圧　117
南方振動　108, 133
二次大気　7
二重偏波レーダー　177
熱塩循環　230
熱帯収束帯　105
熱帯低気圧　88, 219
熱帯東西循環　135

## は行

梅雨前線　86
白色矮星　14
爆弾低気圧　90
ハドレー循環　105
ハビタブルゾーン　16
ひまわり　180
ビヤークネス　88
氷期　225
氷晶核　45
氷床コア　224
微惑星　4
ブイ　167
風向風速計　161
風成循環　127
フェーン　75
フェレル循環　110
藤田スケール　102
ブラウン運動　41

ブリューワー・ドブソン循環　147
ブロッキング　117
併合過程　44
閉塞低気圧　89
ヘルムホルツの渦定理　209
偏西風波動　111
ボイル・シャルルの法則　68
放射収支　23
放射平衡　19
暴走温室効果　28
飽和水蒸気圧　38
ポテンシャル渦度　209

## ま行

摩擦収束　65
密度成層　72
ミランコビッチ・サイクル　225
メキシコ湾流　124
眼の壁雲　97
面積力　54
木星型惑星　2
持ち上げ凝結高度　82
モンスーン循環　118

## や行

山谷風　103
湧昇　128
予測方程式　185

## ら行

ラグランジュ記述　53
ラジオゾンデ　164
らせん状降雨帯　98
ラニーニャ現象　132
離心率　226
リチャードソンの夢　188
領域モデル　194
冷水渦　140

連続体　52
ロスビー波　149, 210

### わ行
惑星　1
惑星渦度　209

**著者紹介**（カッコ内は担当章）

釜堀 弘隆（1、2、3、6、10、11、13 章）
名古屋大学大学院理学研究科博士課程満了。理学博士
現在、気象庁気象研究所気候研究部 研究官

川村 隆一（4、5、7、8、9、12 章）
筑波大学大学院地球科学研究科博士課程単位取得中退。理学博士
現在、九州大学大学院理学研究院 教授

---

NDC451　　252p　　21cm

---

トコトン図解　気象学入門

2018 年 3 月 27 日　第 1 刷発行
2022 年 6 月 30 日　第 5 刷発行

著　者　　釜堀弘隆・川村隆一
発行者　　髙橋明男
発行所　　株式会社 講談社

〒 112-8001　東京都文京区音羽 2-12-21
　　　販　売　(03) 5395-4415
　　　業　務　(03) 5395-3615

KODANSHA

編　集　　株式会社 講談社サイエンティフィク
代表　堀越俊一

〒 162-0825　東京都新宿区神楽坂 2-14　ノービィビル
　　　編　集　(03) 3235-3701

本文データ制作　株式会社エヌ・オフィス
印刷・製本　株式会社ＫＰＳプロダクツ

---

落丁本・乱丁本は，購入書店名を明記のうえ，講談社業務宛にお送りください。送料小社負担にてお取替えいたします。なお，この本の内容についてのお問い合わせは，講談社サイエンティフィク宛にお願いいたします。定価はカバーに表示してあります。

© Hirotaka Kamahori, Ryuichi Kawamura, 2018

本書のコピー，スキャン，デジタル化等の無断複製は著作権法上での例外を除き禁じられています。本書を代行業者等の第三者に依頼してスキャンやデジタル化することはたとえ個人や家庭内の利用でも著作権法違反です。

**JCOPY**《㈳出版者著作権管理機構 委託出版物》

複写される場合は，その都度事前に㈳出版者著作権管理機構（電話 03-5244-5088, FAX 03-5244-5089, e-mail: info@jcopy.or.jp）の許諾を得てください。

Printed in Japan

**ISBN 978-4-06-155239-5**

## 講談社の自然科学書

| | | |
|---|---|---|
| 絵でわかるプレートテクトニクス | 是永淳／著 | 定価 2,420 円 |
| 新版　絵でわかる日本列島の誕生 | 堤之恭／著 | 定価 2,530 円 |
| 絵でわかる地図と測量 | 中川雅史／著 | 定価 2,420 円 |
| 絵でわかる地震の科学 | 井出哲／著 | 定価 2,420 円 |
| 絵でわかる日本列島の地震・噴火・異常気象 | 藤岡達也／著 | 定価 2,420 円 |
| 絵でわかる宇宙開発の技術 | 藤井孝藏・並木道義／著 | 定価 2,420 円 |
| 絵でわかる地球温暖化 | 渡部雅浩／著 | 定価 2,420 円 |
| 絵でわかる宇宙の誕生 | 福江純／著 | 定価 2,420 円 |
| 絵でわかる宇宙地球科学 | 寺田健太郎／著 | 定価 2,420 円 |
| 新版　絵でわかる生態系のしくみ | 鷲谷いづみ／著 後藤章／絵 | 定価 2,420 円 |
| 絵でわかる日本列島の地形・地質・岩石 | 藤岡達也／著 | 定価 2,420 円 |
| 絵でわかる世界の地形・岩石・絶景 | 藤岡達也／著 | 定価 2,420 円 |
| 生物海洋学入門 第 2 版 | 關文威／監訳 長沼毅／訳 | 定価 4,290 円 |
| 一億人の SDGs と環境問題 | 藤岡達也／著 | 定価 2,200 円 |
| 地球環境学入門 第 3 版 | 山﨑友紀／著 | 定価 3,080 円 |
| 海洋地球化学 | 蒲生俊敬／編著 | 定価 5,060 円 |
| 宇宙地球科学 | 佐藤文衛・綱川秀夫／著 | 定価 4,180 円 |
| 環境化学 | 坂田昌弘／編著 | 定価 3,080 円 |
| これからの環境分析化学入門 | 小熊幸一ほか／編著 | 定価 3,190 円 |
| 力学 | 副島雄児・杉山忠男／著 | 定価 2,750 円 |
| 振動・波動 | 長谷川修司／著 | 定価 2,860 円 |
| 熱力学 | 菊川芳夫／著 | 定価 2,750 円 |
| 電磁気学 | 横山順一／著 | 定価 3,080 円 |
| 物理のための数学入門 | 二宮正夫・並木雅俊・杉山忠男／著 | 定価 3,080 円 |
| なっとくするフーリエ変換 | 小暮陽三／著 | 定価 2,970 円 |
| なっとくする微分方程式 | 小寺平治／著 | 定価 2,970 円 |
| なっとくする行列・ベクトル | 川久保勝夫／著 | 定価 2,970 円 |
| なっとくする流体力学 | 木田重雄／著 | 定価 2,970 円 |
| スタンダード工学系の微分方程式 | 広川二郎・安岡康一／著 | 定価 1,870 円 |
| スタンダード工学系の複素解析 | 安岡康一・広川二郎／著 | 定価 1,870 円 |
| スタンダード工学系のベクトル解析 | 宮本智之・植之原裕行／著 | 定価 1,870 円 |
| スタンダード工学系のフーリエ解析・ラプラス変換 | 宮本智之・植之原裕行／著 | 定価 2,200 円 |

※表示価格には消費税（10%）が別に加算されています。　　　　　　　「2022 年 6 月現在」

**講談社サイエンティフィク**　https://www.kspub.co.jp/